两个未知数去相亲

Blind Date mit zwei Unbekannten

Holger Dambeck

好玩又烧脑的
数学谜题

[德]霍格尔·丹贝克 著

罗松洁 译

北京联合出版公司
Beijing United Publishing Co.,Ltd.

目录

顿悟时刻 | 解题的诀窍

未知数、自然数、有理数 | 数字谜题

骗子和老实人 | 棘手的逻辑谜题

深思熟虑 | 寻找聪明的策略

巧妙分配 | 可能性和概率

难题 ｜ 11 个真正的挑战

前言

6 年前，我在《明镜》周刊网站上发表了首道"每周谜题"。这道题是关于煮意大利面的，意大利面要煮正好 9 分钟才有嚼劲。有一个 4 分钟的沙漏和一个 7 分钟的沙漏可以用来计时。这是一道经典谜题。

从此之后，我每周都会出一道数学谜题——到现在有 300 多道了吧！读者们表现出的极大兴趣总是让我感到惊讶（当然我也很高兴）。一道谜题有 5 万点击量是十分平常的，有的谜题的点击量甚至会达到 10 万。我还经常收到读者的电子邮件，他们发现了各种错误，促使我不得不多次更精确地修改题目或者补充答案。

当然，这让我感到恼火，但这也是一个好现象，因为所有人都会犯错。最重要的是，数学始终也是一个过程。我们一步一步地接近真理。有时候即使是专业的数学家也会忽视掉一些小细节，但幸好他们的同事之后会指出来。有时候我们到达目的地，却绕了弯路，我们找到的解答方案比原本的更复杂。这种情况也会发生在数学家身上。我们为解答问题而找到的第一个方案通常不是最绝妙的。

让我感到困难的是拿捏精确的语言，为此我总是苦苦挣扎。我的胸腔里有两颗心在跳动：一颗记者的心，一颗数学家的心。作为一名记者，我想写得尽可能通俗易懂，尽量用清楚简短的句子，而不是冗长的句子，最好没有专业术语。但是这种风格并不适配每道数学谜题，为此我也不时受到读者的批评。

通俗的表述既能使谜题变得更有趣，也能让外行人更易读懂，但大多数时候，我要在数学的精确性和通俗的表述之间找到一个好的折中表达方式。

下面这两个例子显示了我的读者在钻研这些谜题时有多么投入。

第一道谜题：把 5 个皇后放置在一张空的国际象棋棋盘上，使每个空棋格至少有一个皇后，且仅用一步棋就能到达。

我提出了两种不同的放置方案作为答案，同时请发现更多方案的读者写信给我。

结果我收到了几十封电子邮件，有非常多且极不相同的解答方案。以下是两个空白棋盘（请自己思考）。

　　有三位读者甚至编写了自己的计算机程序来搜索所有的解答方案。他们都得出了相同的结果：有4860种不同的放置方案。你可以在第64页看到这道关于皇后的谜题。

　　还有一道谜题也引起了相似的热烈反响：在一个16个点排列成的方阵中，如何才能一笔不间断地画出6条直线将这16个点连接起来？这道题详见第48页。

　　我列出了3种不同的答案，同时请读者提出他们自己的答案。于是我收到了各种丰富的答案——请见下图。

我不知道这些是否已经是所有可能的答案。也许对数学家来说，找出所有的答案，会是一项有趣的任务。也许这个问题同样可以用计算机程序将所有可能的情形全部测试一遍来解决。对我来说，这道 16 个点的谜题比 5 个皇后的谜题更难。

现在可是轮到你来解答啦！在接下来的内容中，你将会看到涉及逻辑、几何、组合数学的 100 道谜题。当你在一道谜题上遇到困难没有任何进展的时候，不要太快放弃，可以把它暂时放在一边，先解答其他谜题。也许第二天就会灵光闪现。

祝你解题愉快！

霍格尔·丹贝克

德国汉堡，2021 年 1 月 10 日

速解

简单入门谜题

    我们先从下面这些谜题开始，从几何到数字谜题再到经典谜题，应有尽有，但愿这些谜题不会立刻吓到你。开始吧！

1. 如何量取 6 升水？

估算在许多生活情境下非常有用，但有时我们必须准确计算，例如下面这个问题。

你需要 6 升水。但是，你手上没有可以快速量取所需升数的量杯。

不过，水龙头旁边有两个不同大小的水桶。大的水桶可以装 9 升水，小的水桶可以装 4 升。

不存在缺水的问题。你可以分多次把水装进水桶，把不再需要的水拿去浇灌花园里的花。

你需要怎么做才能正好得到 6 升水？

2. 如何将黄金运走？

黄金是多么美丽、沉重而名贵。因此世界上最富有的家族成员之间只互相赠送纯金的雕塑作为圣诞节礼物。礼物可能是一座维纳斯雕像、一座老虎雕塑，或者是一个奢华的烛台，重要的是要金光闪闪，而且非常非常昂贵。

这个家族中的一个儿子长年不住在家里，他对今年收到特别多的礼物感到十分高兴。他收到的礼物总质量正好是 9

吨。没有一件黄金礼物的质量超过1吨，也不知道每件的具体质量。

派对结束后，这个年轻人想把所有的礼物都带回家。但是，他只能使用小到只能开进地下车库的货车来运货。这样的一辆货车单次最多可以装载3吨货物。

需要多少辆货车才能将所有的黄金礼物一起运走？

请你找出在任何情况下都能成功运走黄金礼物的最少的货车数量。

3. 百分比、百分比、百分比

有个农民想要晒干收获的新鲜水果，于是把总质量为100千克的水果摊在一张巨大的垫子上，让太阳充分照射。水果的初始水分含量为99%。

几天后，水分含量降至98%。请问这时的水果有多重（包括水果所含的水分）？

4. 8只兔子赛跑

更高、更快、更远：8只兔子打算组织一场体育竞赛，它们个个雄心勃勃。这群敏捷的小兔子想要一起赛跑，互相比一比高下。

然而它们计划的并不仅仅是一次比赛，而是要让每只兔子都能至少赢过其他兔子一次。也就是说每只兔子至少要在一次比赛中比另一只兔子先到达终点。

最简单的方法就是让它们一起比8次——并且每次都是不同的兔子获胜。但是，也许它们可以以更少的比赛次数完成该计划？

8只兔子至少要组织多少次比赛才能使每只兔子都至少赢过其他任意一只兔子一次？

提示：赢过其他任意一只兔子一次并不需要是第一名，只需要跑在这只兔子前面即可。

5. 缺失的欧元去哪儿了？

你擅长和数字打交道吗？如果你想解决由 3 名餐馆顾客和 1 名忙碌的服务员引起的混乱局面，这将会很有帮助。

有 3 名常客一起光顾了一家他们最喜爱的餐馆。他们每个人都恰好要支付 10 欧元，并且每人身上都只有一张 10 欧元钞票，所以他们总共给了服务员 30 欧元。"下次再给你小费。"3 人解释后离开了这家餐馆。

不久之后，餐馆老板进门询问服务员那 3 名常客在哪里。服务员回答说他们刚才付了 30 欧元的账单后离开了，于是老板让他赶紧再补给 3 名常客 5 欧元。"这是我欠他们的。"老板说。

服务员离开餐馆并在路口追到了 3 人。他思索着 5 欧元很难平分给 3 个人，于是决定干脆给每名客人 1 欧元，留下 2 欧元作为自己的小费。

这就意味着每名客人支付了 9 欧元，共计 27 欧元。再加上进了服务员腰包的 2 欧元，就是 29 欧元。然而 3 名客人最初支付了 30 欧元。缺失的这 1 欧元去哪儿了？

6. 充当零钱的蓝宝石和红宝石

硬币很重,而且当我们需要的时候,总是会发现正好缺少那枚想要的硬币。因此,财政部部长决定将来将彩色宝石作为零钱。为了方便人们使用,宝石只有两种不同的颜色。

红色宝石等值于 70 欧分,蓝色宝石等值于 1 欧元,即 100 欧分。这位财政部部长认为,零钱的种类越少,民众对货币改革的接受度越高。

如果仅使用红色和蓝色的宝石当零钱,那么人们在收银台前可以支付的最小金额是多少?

7. 被切割的棱锥体

如果你喜欢最大限度的对称性，那么你肯定会喜爱柏拉图立体，这个名称的由来可以追溯到古希腊哲学家柏拉图。一个柏拉图立体的侧面是相同大小的规则多边形，且在每个顶点相交的棱边数量相同。例如正四面体，或者由 12 个正五边形组成的正十二面体。

　　本谜题涉及最简单的柏拉图立体——正四面体，这也是一个三棱锥体，它的四个面都是等边三角形。

　　我们从一个正四面体的每个顶点处都切割出一个较小的正四面体，这四个小正四面体的边长恰好是原正四面体的一半——请见上页图。

　　通过切割，我们得到了另外一个柏拉图立体——正八面体，它的表面由 8 个等边三角形组成。

　　这个正八面体的体积占原正四面体体积的比例是多少？

　　提示：请你尝试不用任何复杂的公式来解答此题！

8. 一成不变的汤姆

　　汤姆的阅读技巧有点奇特，但他至少能准确知道什么时候读完他的书。小说有 342 页，汤姆每天读的页数完全相同。从开始读这本书的第一天到读完这本书的最后一天，他每天所读的页数都没有变化。

汤姆从一个星期天开始阅读这本小说。在接下来的一个星期天，他正坐在沙发上看小说，这时他的电话响了。汤姆又快速地看了一眼书：从早上开始，他刚好读完了 20 页。

汤姆这一天还会读多少页？

9. 哪些彩票可以倒置？

超大的钥匙扣挂饰、不锈钢开瓶器、高级文具套装：在一家大型公司的一次聚会上，员工正在抽奖，奖品是这一年积累的所有促销礼品。

具体抽奖程序如下：每位员工都可以购买彩票，彩票单价为 1 欧元，售完即止。每张彩票上印有 4 个数字。

IT 部门首先使用随机数生成器为所有待抽奖的促销礼物各自分配了一个 4 位数的数字组合。谁抽到的彩票上有这些数字，谁就赢得了与数字相对应的礼品。

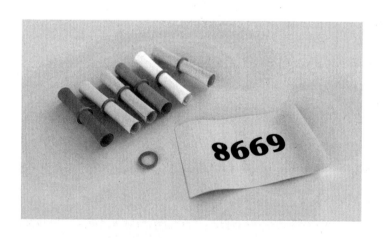

负责抽奖的同事正在检查10000张不同的彩票，这些彩票的数字组合从0000到9999。这时一位员工注意到，如果把号码为9999的彩票倒置过来，就是数字组合6666。这就意味着号码为6666和9999的彩票可能会出现两次，这种情况必须得排除。

接着，负责抽奖的工作人员更仔细地查看彩票上的数字后发现，除了6和9之外，还有另外两个数字在彩票旋转180度时可能会出现问题：0和8。照这样的话，彩票号码0808也可以被看作8080。

为了避免抽奖过程中出现争执，抽奖负责人想要排除所有数字组合不明确的彩票号码。

至少可以肯定的是，彩票只要包含1、2、3、4、5、7中的一个或多个数字，就可以明确号码是多少。因为拿到这些数字后，你立马就可以看出如何手持这张彩票才能够读出彩票号码。

抽奖组织者必须在这10000张彩票中挑拣出多少张彩票？请你找出最小可能的数量。

10. 疯狂的时钟

一个恶作剧者把一个挂钟的两根指针调换了。因此大多时候，我们从正常钟表的表盘上是看不到两根指针所处的位置的。

在刚好12点整的时候，指针互换位置并不明显，因为两根指针在这一刻都指向"12"，就像正常钟表一样。

在12点30分的时候则是另一种情况：时针恰好指向"6"，分针位于"12"和"1"的正中间。像这种情形原本是不可能的，因为时针指向了整点（6点钟），而分针却指向了整点后的几分钟。

现在的问题是，尽管指针被调换了位置，从中午12点到下午1点，这个挂钟会显示多少次真实存在的时间？（显示的时间不必与实际时间一致，它只需要存在即可。中午12点不计算在内。）

11.哪一块拼图零片是多余的？

请你用4块拼图零片拼出一个正方形！

这听起来容易，做起来可不简单，因为摆在你面前的不是4块零片，而是5块零片，而你只需要其中的4块。哪一块拼图零片是多余的？

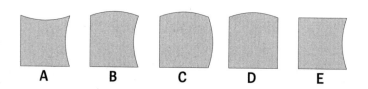

A　　B　　C　　D　　E

12.公平分配9个酒桶

三兄弟争夺遗产——是一道经典的数学难题。例如，如果要公平地分配骆驼，这个问题立马就变得棘手了。毕竟动物可是不能受到伤害的，谁会想要 $\frac{1}{3}$ 的骆驼呢？

我们的这道谜题则是关于酒的。留给三兄弟的遗产是 9 个酒桶。不幸的是，这 9 个桶里装的酒并不一样多。1 号桶里有 1 升酒，2 号桶里有 2 升，3 号桶里有 3 升，以此类推——直到 9 号桶，里面装了 9 升酒。

三兄弟之间不可以互相转赠。每个人都要得到相同数量的桶和相同容量的酒。同时尽可能地不要来回倒酒。

有可能吗？如果可能的话，该如何分配？

顿悟时刻
解题的诀窍

　　最漂亮的数学谜题通常都有相当简洁的解答方法。这背后通常需要一点诀窍。现在就是需要你发挥创造力的时候了!

13. 缺少哪个数字？

在一次同学聚会中，数学老师作为惊喜嘉宾出现。他总是让学生做一些古怪的谜题——当然，这一次他也带来了一道几乎无法解答的谜题。

"我想要测试一下你们的记忆力，"他说，"任何人都可以参与，但不允许做笔记或者相互交流。每个人都只能靠自己，唯一允许的辅助工具就是你的大脑。"

现在数学老师得到了全场的关注。

"我会从 1 到 100 中选出 99 个数字，然后以随机顺序念给你们听。我将每 10 秒钟说一个新的数字。最后，请告诉我，缺少了从 1 到 100 中的哪个数字。"

有没有可能找出缺少的数字？

提示： 我们假设参加同学聚会的人都只有平均水平的记忆力。没有人能以随机顺序记住 99 个数字——除了记忆大师，不过他们不在这个班级里。参加同学聚会的人可以同时记住 3 个或 4 个数字，更多就几乎不可能了。

14. 印错地方的兔子

兔子饲养者协会的夏季庆典即将来临。协会主席想为聚会的圆形餐桌准备一张新桌布，给会员一个惊喜。他让人在桌布上面印了一张漂亮的兔子脸。

但是这张桌布出了点问题。兔子的头像不在圆形桌布的中间，而是在边缘——请见上图。

现在怎么办呢？或许可以再印一次，但是这样就会产生额外的费用，因为这是协会主席由于疏忽而犯的错误，他没有仔细审核就挥手通过了印刷公司的布局方案。

因此，他正在考虑另外一种解决办法。他的女儿非常擅长缝纫。她或许可以设法裁剪这块桌布，然后把裁后的碎布重新拼接起来，并且不会让人注意到这块桌布有什么异常。

不过当然，要是她不用把桌布裁剪成太多块就更好了。

要使兔子的头像正好位于拼接之后的桌布中间，这张桌布最少要被裁剪成多少块？

15. 数字魔术

数字魔术总是能给人们留下深刻的印象。一位魔术师请两位观众各自选一个大于 0 的数字。这个数字须是个一位数、正数并且是整数。我们称这两个数字为 A 和 B。

然后这两位观众要用这两个数字组成以下形式的一个六位数：

ABABAB

两位观众把各自选的数字写在一张大纸上，然后拿给其他观众看——但魔术师并不知道这两个数字是什么。

不过他宣称："这个数字可以被 7 整除。"观众们感到很惊讶，因为魔术师说的是对的。

这是巧合吗？或者这适用于所有可以想到的数字 A 和 B？如果是，为什么？

16. 如何拆分正方形？

已知有一个正方形，你要把它分成 n 个更小的正方形（这些正方形的大小不一定要相同），同时 n 为一个偶自然数。

有哪些 n 可以满足这样的条件？请你找出所有这些偶自然数。

17. 剪得好

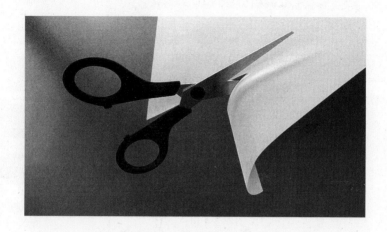

将一张有四个角的纸沿直线剪两刀，剪成 6 块碎纸片。纸张不得弯曲或折叠。此外，剪完第一刀后，不得将碎纸片重新排列或重叠。

可以做到吗？

18. 硬币把戏

成千上万的数学家来参加世界上最大的数学学术会议，他们在这里齐聚一周。晚上，他们相聚在这座城市的酒馆和酒吧里。

一个酒保想瞧瞧数学家到底有多强创造力，于是就给客人出了以下这道题："我这里有 10 枚硬币，要把它们分别装进这3 个塑料杯里，并且要使每个杯子里都有奇数枚硬币。"

客人们沉思良久，然后有人说："这道题挺简单的，但我不会透露我的答案。"

另一个客人说："不，这是不可能的。这道题无解。"

谁是正确的？

19. 在正方形草地上放牧

有9匹马站在一片正方形的草地上。这些动物都不太喜欢彼此，所以它们各自之间都保持着距离。即使如此，它们之间也总是关系紧张，所以要用额外的栅栏将它们互相隔开。

我们可以把这片正方形的草地分成9个更小的正方形，但是牧场的主人认为用栅栏再围两个正方形就足以将这些马彼此隔开。而且每匹马都保持在当前所处位置——请见上图。

从平面图来看，这两个即将被栅栏围成的形状都像正方形。由栅栏围成的正方形的尺寸大小没有限制。

这样划分实际上行得通吗？

提示： 每匹马的活动区域不一定要一样大。从平面图来看，由栅栏围成的两个正方形可能会相互接触或重叠。

20. 房屋清洁行家

尼娜和马蒂亚斯住在一栋小别墅里。星期六到了，他们要重新清理房屋、露台和草坪。他们有一台吸尘器、一台割草机和一台高压清洗机。

给房子里的所有房间吸尘需要 30 分钟，修剪草坪同样需要 30 分钟，用高压清洗机清洗露台上的地砖也需要 30 分钟。

这三台设备中的每一台都必须有一个人来操作。

尼娜和马蒂亚斯从上午 11 点开始打扫房子，他们最早什么时候能完成清洁？

21. 整齐的蛋糕盘

你肯定知道：美味的蛋糕无法保存很长时间，因为很快就会被吃掉。这道谜题所涉及的蛋糕也是如此。

这道题涉及一块坚硬的蛋糕，其坚硬程度可与姜饼相提并论。在烘焙前，糕点师在扁平的面团上划出一条条细线，将这块蛋糕分成多个正方形，然后店员再沿着这些细线切分蛋糕。

这块蛋糕卖得不错，已经被切走不少份了。

现在这块蛋糕呈不规则状，并且正好还剩下 64 份，它们仍然相互连接在一起——请见上页图。

64 是一个平方数，糕点师想。这个份数的蛋糕可以形成一个 8×8 的正方形。

现在问题来了：将大蛋糕切成两部分，并且要使这两部分蛋糕能够拼成一个正方形，这是否能做到？

提示：你只能沿着细线切蛋糕，允许拐弯，但是切出来的两部分蛋糕必须能完全拼接在一起形成一个正方形。

22. 完整的链条

一位徒步旅行者想在山里的旅舍过夜。至少 1 晚，也许更多，但最多 7 晚。旅游旺季快要结束了，他是这儿唯一的一名旅客。

因为这位徒步旅行者不能确切地说出他要停留多少天，而且他每天都要出去游玩，所以老板坚持要他每天预付房费。"每晚的价格是 50 欧元。不幸的是，在这山上您无法用银行卡支付。"

"啊，"徒步者回答道，"那我们现在麻烦了，我身上没有任何现金。但我可以用银子代替现金。"

徒步者向老板展示了一条 7 节的银链。这条银链不是闭合的，它有一个开始的链节和一个结束的链节。

"好，"老板说，"我会每天向您收取一个链节。为了尽量减少对链条的损坏，您每次只可以取下一个链节。"

最后，这位徒步旅行者在旅舍待了 7 天，并且每天支付一个链节的预付款对他来说没有任何问题。

请问徒步旅行者是如何做到的？

23. 幻方

4	7	2	13	6	1
18	21	16	(27)	20	15
15	18	13	24	17	12
21	24	19	30	23	18
24	27	22	33	26	21
27	30	25	36	29	24

幻方有许多不同的类型：有的是数字，有的是字母，有的是颜色。通常，当一个数字方阵里每行数字之和与每列数字之和相同时，这个数字方阵就被认为是幻方。本题里的数字方阵不属于这一类，不过，如果一个数字方阵里最上面一行的数字之和小于其下面一行的数字之和，我们仍然可以称这个方阵为幻方。

当你按如下步骤操作时，神奇的事情就会出现：

请你选择任意一个数字并将其圈起来（请见上页图中被圈出来的数字 27 ）。

请画掉与所选数字在同一行和同一列中的所有数字。

请再圈出任意一个新数字，它既不能是被圈的数字，也不能是被画掉的数字。再次画掉与你选择的新数字在同一行和同一列中的所有数字。

重复这些步骤，直到所有的数字都被圈出或画掉。

最后将所有被圈出的数字相加。

无论你选择圈哪些数字，最后的总和是否相等？如果是这样，总和是多少？为什么总和总是相等？

未知数、自然数、有理数
数字谜题

恼人的横加数，一个奇怪的旅舍主人，1770 塔勒——各种数字都会出现在本章中。请你记住：最终都会算清楚的！

24. 谢丽尔的孩子多大了？

汤姆第一次见到他的新邻居谢丽尔时问道："你有几个孩子？"

谢丽尔："3个。"

汤姆："他们多大了？"

谢丽尔："他们年龄的乘积是36，年龄的总和恰好是今天的日期。"

汤姆思索了一阵，然后说道："我算不出来，还缺少一些信息。"

谢丽尔回答说："对不起，我忘说了，年纪最大的那个孩子喜欢喝草莓味的牛奶。"

请问3个孩子各几岁？

25. 恋数癖三人组

每到星期天，三个数字爱好者都会聚在一起沉迷于他们的癖好中。阿希姆来自小城菲尔森（Viersen），他喜欢一切含有

4的数字[1]。玛丽亚住在菲尔森邻近的城市门兴格拉德巴赫，她讨厌任何含有 4 的数字，尤其讨厌盖尔森基兴的一家足球俱乐部，这家俱乐部的名字里就含有数字 4。三人组中的第 3 位是来自法兰克福附近小城德赖艾希（Dreieich）的霍斯特，按前面的逻辑来说，他就非常喜欢含有 3 的数字[2]。

阿希姆	玛丽亚	霍斯特
1004	1000	1002
4008	6332	6663
1447	5316	3006
3141	3338	9630

这三个人最喜欢整天研究数字。在某个星期天，他们每个人都写出了一份长长的数字列表：

· 阿希姆写下了所有至少含有一个 4 的四位数。

· 玛丽亚写下了所有不含有 4 的四位数。

· 霍斯特的列表包含所有可被 3 整除的四位数。

完成所有列表后，霍斯特说：“我的列表是最长的。”

玛丽亚反驳道：“胡说八道！我才有最多的数字。”接着阿

---

[1] Vier 在德语中的意思是 4。（全书注释均为译者注）

[2] Drei 在德语中的意思是 3。

希姆说道:"哈哈!显然我的列表才是最长的。"

请问谁才是对的?

26. 留给弟弟多少钱?

爱好有时是很昂贵的。有两姐妹多年以来一直一起收集可动玩偶,但是她们现在不再继续了。为了至少能赚回一部分开销,她们卖掉了所有收藏的玩偶。

所有玩偶均以相同价格出售。每个玩偶的收益是整数欧元,两姐妹在卖完后发现,这个数字恰好与玩偶的总数一样。

二人的收益分配规则如下:

大姐得到 10 欧元,妹妹得到 10 欧元,然后又是大姐 10 欧元,妹妹 10 欧元,依次类推。

在大姐最后一次拿到 10 欧元之后,收益还剩下不到 10 欧元。她们把剩下的钱都送给了她们的小弟。

请问这个小男孩得到了多少钱?

27. 犍牛、马和 1770 塔勒

下面这道题是我从一个熟人那里知晓的,她给我写了一封标题为"求助!数学!"的电子邮件。这道题是她 13 岁儿子

的家庭作业，让母子俩都愁眉锁眼。

我仔细看了一下这道谜题——它确实比看起来更难。这道题可以追溯到数学家莱昂哈德·欧拉。我也很好奇各位读者能否答出这道题，以及能以多快的速度解答出来。

以下是这道题在约翰·雅各布·埃伯特于1821年编辑出版的《莱昂哈德·欧拉〈代数完全指南〉摘录》里的原文："一个总管以1770塔勒的总价格购买了一些马匹和犍牛。1匹马的价格是31塔勒，1头犍牛的价格是21塔勒。请问马和牛的数量各是多少？"

28. 青年旅舍的房型谜题

必须是这家青年旅舍吗？两个班级的孩子非常期待这次的旅行，因为可以4天不上课。而这家青年旅舍的主人是一位退休的数学教师，他说话常常令人费解。

"你们正好有 41 个孩子，"这个头发花白的善于与数字打交道的老人打招呼说道，"真是太巧了！我旅舍的 12 间房里正好有相同数量的床位。我这里有三床房、四床房和五床房三种房型——每种房型都至少有 1 间，四床房的数量大于 1 间，三床房的数量比四床房和五床房的数量都要多。"

孩子们开始烦躁了。接下来会怎么样呢？

"如果你们能知道我旅舍的房型各有多少间，你们就能拿到钥匙，"主人说道，"不知道今晚我有没有客人呀。"

孩子们凑到一起思考并开始计算了起来。几分钟后，他们就找到了答案——而且只有这一个答案。他们终于顺利住进了旅舍里。

请问 12 间房里的 41 张床位是如何分配的？

29. 寻找八位数的超级号码

谜题中总是会反复出现具有某种特殊属性的数字。例如，有时候会出现除了 1 和它自身外不能被其他自然数整除的数——质数，有时候题里的数字却要能被一个或多个规定的数字整除。

下面这道谜题涉及八位数的自然数，并满足以下两个条件：

• 所有的 8 个数字都不相同。

• 该数可以被 36 整除。

你的任务是找到满足这两个条件的最小的八位数。

30. 神奇的数字调换

在一个小小的变化之后，某些东西突然就会变成以前的 3 倍——这在日常生活中很少发生，但在数学中并不奇怪，正如下面这道谜题所示。

有一个六位数的自然数，把它开头第一个数字画掉并将其放到这个数的末尾，我们就又得到了一个新的六位数，但是这个新数字变成了其原始数字的 3 倍大。

请你找出所有满足此条件的数字！

31. 恼人的 81

请你找出所有小于 100 的自然数 n，使：

$n^2 - 81$

能被 100 整除！

32. 分数

至少在 5000 年以前，人类就已经知道分数了。有关整数和分数的文字记载从美索不达米亚时期就已出现。然而直到中世纪，它们才有了自己的名称：有理数。有理数可以表示为两个整数的分数或者比（商）。

例如，$\frac{2}{3}$ 或 $\frac{1}{27}$ 都是有理数，当然，你大概早就知道了。但现在的问题是，你的分数运算水平有多高呢？

这道题的任务是找出以下方程的所有解。

$$\frac{1}{x} + \frac{1}{y} + \frac{1}{z} = 1$$

其中，x、y 和 z 都是大于 0 的自然数。

33. 两个未知数去相亲

请你找出满足以下等式的所有自然数 x 和 y：

$x^3 - y^3 = 721$。

34. 100 只猴子和 1600 个椰子

本题涉及 1600 个椰子。有 100 只猴子对这些椰子十分感兴趣。若平分的话，每只猴子都可以得到 16 个椰子。但是椰子的分配完全是随机的，有些猴子甚至可能根本得不到椰子。

现在你要证明，在这 100 只猴子中，至少有 4 只猴子得到了相同数量的椰子。椰子是如何分配的并不重要。

骗子和老实人

棘手的逻辑谜题

　　当你分不清楚谁说的才是真话时，你该如何找出真相？欢迎来到逻辑领域！逻辑是数学的基础，也为我们提供了令人兴奋的谜题。

Aufgaben
习题

35. 谎言、真话和病毒

有两群人共同住在一个岛上。我们称其中一群人为"骑士"，他们总是说真话；称另一群人为"无赖"，他们总是说谎话。我们看不出来岛民属于哪个群体，但是可以向他们提问，并从其答案推断出他们是骑士还是无赖。

举一个简单的例子：如果问他们"1 加 1 是多少"，骑士会如实回答"2"，无赖则会与之相反地给出错误的回答。

一段时间以来，一种神秘的病毒在这个岛上蔓延。它的传播速度相对较慢——只有一部分居民生病了。这种疾病会导致感染者角色转换：生病的骑士总是撒谎，生病的无赖则总是说真话。

你要问岛民一个什么样的问题才能确定他是无赖还是骑士？

只允许提一个问题，并且这个问题只能用"是"或者"不是"来回答。你不知道被询问的人是否生病。

36. 谁是小偷？

诚实的人与臭名昭著的骗子生活在一起时，注定会愤怒。就像在真话与谎言之岛上，警方正试图破解一起轰动的盗窃案。博物馆中珍贵的黄金宝藏不见了——但是目前还不清楚谁是小偷。

警方至少能够将嫌疑人的范围缩小到三个人：亚当、伯特和克里斯。小偷就藏在他们三人之中。警方还知道，三个人中至少有一个是臭名昭著的骗子，并且至少有一个人只说真话。这个岛上只有臭名昭著的骗子和从不说谎的诚实的人。

除此之外，可以肯定的是，小偷属于总是撒谎的岛民之一。因为总是说真话的诚实居民不会犯罪。

警察局中发生了以下对话。

亚当："是我偷了黄金宝藏。"

伯特："亚当是对的。"

克里斯打量着这两人，但什么也没说。

接着警官说道："案子已经破了。"

这位警官说得对吗？如果对，那么谁是被通缉的小偷呢？

37. 已婚还是未婚？

下面这个问题同样来自一个奇怪的岛屿，那里的人要么说谎，要么就只说真话。

你正在岛上参观，穿过一个空荡荡的广场，突然一个女人出现并说道："我是一个已婚的骗子。"

关于这个女人，你了解多少？她真的结婚了吗？她在说谎吗？

38. 谁戴白帽子？

3 名男子被判处了死刑——但是法官给了他们最后一次机会："你们之中的一个人戴着白色的帽子，其他人戴着灰色的帽子。如果戴白帽子的人向我报告自己戴的是白色的帽子，那么你们就都可以免除死刑。你们不能相互交谈。"

这 3 个男人相继站成一列，每个人都只能向前看，他们看不到自己帽子的颜色。但是每个人都能看到站在自己前面一人或两人的帽子——除了最前面的那个人，因为他前面没有人。

这 3 个人如何才能保命？

39. 接下来是哪张图?

4 张图片在一些细节上有些许不同，接下来的第 5 张图片应该是什么样的？这是许多逻辑谜题的规则。关键在于让这一系列图片延续下去。此类题目也常用于智商测试或招聘测试中。大多数时候它们并不太难。

对于本道谜题，我试图让它变得更具挑战性，希望我做到了。

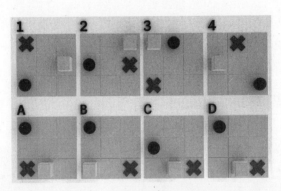

如果从 1 到 4 的这一系列图片背后隐藏着一个逻辑原则，那么你知道 A、B、C、D 中的哪一张图片该放在第 5 张图片的位置上吗？

40. 全都是谎言?

桌子上放着一本厚书，内容令人生疑：这本书共有 2019 页，每页只有 1 句话。第 1 页上的句子如下：

"这本书里正好有一个谎言。"

第 2 页上写着：

"这本书里正好有两个谎言。"

后面的书页内容按照相同的模式继续。每一页上写的这本书里的谎言数量与其页码数完全一致。照此逻辑，第 2019页上就有以下句子：

"这本书里正好有 2019 个谎言。"

现在向你提问：这本书里有真话吗？如果有，在哪一页？

41. 聪明的静默修道士

在一个远离现代文明的偏僻的修道院里，修道士们过着如同在中世纪早期般的生活：没有现代技术，甚至没有水槽和镜子。

此外，修道士们都独自住在修道院的单间里，他们还发过誓要保持静默。他们既不被允许相互交谈，也不可以以任何其他方式相互交流。修道士们每天都聚在一起吃午饭。这时修道院院长有时会发表简短的讲话。

有一天，院长报告称几天前一种可怕的疾病开始在修道院里肆虐。至少有一个修道士已经患病，患者的额头上会出现一个蓝色的点，可以由此判断是否染病。除此之外，在早期患病阶段，患者没有其他症状。如果患者在两周内被隔离，那么其他修道士就没有被传染的风险。

"所有知道自己得病了的修道士，都应该在下一次集体午餐前离开修道院。"修道院院长说道。这样，就可以防止疾病进一步传播。

院长强调，尽管疾病蔓延，修道士们也都必须继续遵守修道院的规则。他确信所有感染者很快就会发现自己感染了，因为修道士们是众所周知的优秀的逻辑学行家。

在修道院院长讲话后的第 8 天，$\frac{1}{3}$ 的修道士没有来吃午饭。缺席的正好是那些真正患病的人。请问修道院里原来住有多少个修道士？

42. 错误的道路？

你在一个岛上，岛上有两个部落。一个部落的人总是说真话，而另一个部落的人总是说谎话。两个部落在外表上没有区别，所以你无法判断某人是否属于说谎者部落。

你想要去城堡，现在来到一个岔路口，不知道该走哪条路。幸运的是，在岔路口旁坐着一个男人，你可以向他问路。

他是这个岛上的人——但你不知道他来自哪个部落。你只可以向他提出一个问题来寻求出路。因为今天是星期天，岛上的人都想尽量少说话，所以只允许问一个问题，而他们只会回答"是"或者"不是"。

你该提什么样的问题呢？

43. 真相大白

3个男人坐在一家餐厅里。他们每个人要么只说谎话，要么只说真话。服务员想知道他们中间有多少个人在说谎。于是他向这3个人提出了相同的问题："请问你是在撒谎还是在说真话？"

第一个人回答了，但是声音太小，服务员没有听清楚。

第二个人说："第一个人说他自己只说真话。这是真的。我也只说真话。"

第三个人回答道："我只说真话。并且另外两个人说的都是谎话。"

服务员有些迷惑，这时他意识到他的问题选择得并不好。

请问你能帮他弄清楚谁在说谎，谁在说真话吗？

44. 聪明的问题

一个魔术师登上了一座岛，岛上有两群人。一群人只说谎话，而另一群人只说真话。没有任何外部特征可以将这两个群体的人区分开来。

在一家咖啡馆里，魔术师遇到了一位女士，他不知道她属于哪一群人。他可以向她提出一个问题来获取答案。

但是，这个问题必须满足一个条件：魔术师不知道这个问题的正确答案是什么，即便是显而易见的问题，例如"一加一等于几"。

魔术师思考了一会儿，然后咧嘴一笑，说道："我知道我要问什么问题了。"

你也知道了吗？

45. 十字路口的圣诞老人

平安夜将至，圣诞老人匆匆忙忙。他想要快点进城去分发他的礼物。他来到了一个十字路口前，这时他必须决定是直走、左转还是右转。他不知道哪一条才是正确的进城道路。

幸运的是，有一只猫头鹰立在岔路口旁，圣诞老人可以向它询问。然而，这一地区的猫头鹰有着奇怪的习性：

它们只用"是"或"不是"来回答问题。

除此之外，猫头鹰会交替地说真话和谎话。例如，在回答过一次真话后，它们会在下一个问题上说谎，然后在下下个问题上再次说真话。

圣诞老人只能向猫头鹰提两个问题。他也不知道猫头鹰会先说谎还是先说真话。

圣诞老人通过哪两个问题找到了正确的进城道路？

点、线、圆

几何就是一切

数学被认为是抽象的艺术。但事实并非如此，因为几何让数学变得形象生动。本章的谜题证明了这一点。

Aufgaben
习 题

46. 三棱锥

我们要将一张正方形纸片折成一个棱锥。纸片上画有三条线。请你沿着这三条线将正方形的三个浅色的角向上折，请见下图。于是就得到了一个底面是三角形的棱锥。

请问这个棱锥的高是多少？

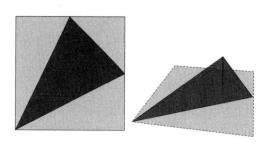

提示：假设正方形的边长为1。两条折线分别经过正方形右边和顶边的中点。第三条折线连接右边和顶边的中点。

47. 寻找理想物体

下面的这道谜题已有 200 多年的历史，可以追溯到柏林玩具经销商彼得·弗里德里希·卡特尔（Peter Friedrich Catel）。1790 年，这位精密机械师出版了带有数百个谜题和数学游戏的商品图解目录。

其中有一个产品是用李子树木头制成的有三个孔的木板。它被称为"数学之孔",售价 8 芬尼。

木板上有一个正方形、一个三角形和一个圆形的孔,其中圆形的直径、正方形的边长和三角形的底边长都相同——请见上图。

卡特尔如下描述这道题:请你描述出"可以穿过所有三个孔的"三维物体是什么样的"形状",同时在穿过时必须"完全严丝合缝"。这位玩具发明家建议你可以切面包,或是用软木塞或奶酪来尝试找出这样的物体。

请问是否存在一个可以穿过所有三个孔并且完全严丝合缝的理想物体?

48. 被缠绕的地球

数学直觉是一种令人着迷的现象。有时我们不经仔细思考就能预知问题的正确答案。经验虽然能帮到我们,但有时它只是一种感觉。

你的数学直觉如何？对此，以下这道题是一道很好的测试。请你先尝试用直觉回答问题，然后再进行详细的分析。在这两种情况下，你得到的结果相同吗？

题目：

如果有一条布带沿着赤道缠绕在地球上。为了简单起见，我们假设地球的表面正好是球形。既没有高山也没有低谷，海平面和陆地一样高。布带正好与赤道一样长——约 40000 千米。布带恰好绕成一个圆圈，并且没有褶皱——无论是在陆地上还是在水上。

在巴西北部，有人剪断了这条布带，并增加了一条 1 米长的额外布带，然后再将布带重新缝合在一起。所以布带就变长了 1 米。

现在，被延长的布带均匀地绕在地球周围，这样它就再次形成了一个圆形，且圆心与地球的中心重合。

请问布带离地球表面的距离是多少?

a) 小于 10 厘米

b) 10 ～ 20 厘米

c) 大于 20 厘米

49. 5 行 10 棵树

早在古埃及时期,人类就开始建造华美壮观的花园。然而,园艺在很多年后才在文艺复兴时期和巴洛克时期发展成一种独立的艺术形式。今天,所有漫步在凡尔赛宫花园的人都会惊叹于景观设计师当时使用的各种几何形状。

下面这道谜题的主角——园丁,也需要对几何有很好的理解力。他要在铺满石子的小路旁边的一片草地上种下 10 棵小树苗,这些小树苗都被装在小花盆里。然而事情并没有这么简单。这片土地的所有者想要这 10 棵树排成直线形的 5 行,每行 4 棵树。

请问园丁能做到吗? 如果可以的话,该如何实现?

50. 里面的正方形有多大?

俄罗斯套娃是一个非常迷人的发明创造:在人形玩偶里面套有一个较小的玩偶,较小的玩偶里面还有一个更小的,依次下去。下面这道谜题涉及的几何图案就类似于著名的俄罗斯套娃。

在一个正方形里面有一个圆，这个圆大到足以触及正方形的4条边。而圆里面还有一个正方形，它的4个角与圆相接。

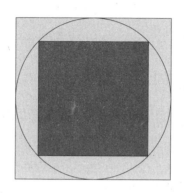

简单来说，我们假设线条的宽度为零。也就是说里面这个正方形的顶点位于圆上。

假设你知道浅色大正方形的面积，那么内部深色正方形的面积占大正方形面积的多少呢？

51. 滚动的欧元

欧元已经存在了20多年，而许多人对使用欧元之前在德国流通的纸币和硬币的记忆已经变得模糊不清。革新后的一欧元和两欧元硬币在硬币中最令人瞩目。

这两种欧元硬币都由外环和内芯两部分组成。这道新的谜题围绕这两个元素展开。

一枚欧元硬币在平面上正好滚动一圈。A1 至 A2 的距离正好等于硬币的周长——请见下图：

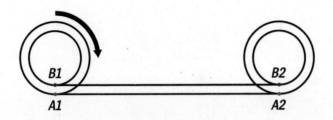

硬币的圆形内芯滚动距离为 *B1B2*。如图所示，*A1A2* 和 *B1B2* 的长度相等。但如果是这样的话，欧元硬币和里面较小的圆形内芯应该具有等长的直径。

请问哪里出了问题？

52. 比萨中的圆

如果你将一块圆形的比萨切成大小相同的 6 块，就会得到 6 个顶角为 60° 的所谓的扇形。

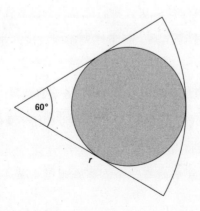

在这样的一个扇形里面画一个圆，这个圆的边与扇形的边相切——请见上页图。

与比萨的半径 r 相比，这个内圆的半径 R 是多少？

53. 一笔勾连 16 个点

"这是尼古拉斯的房子"，每个德国小孩都知道这个绘画游戏。在这个游戏里，我们每说一个音节就要画一条线，用线条将房子画出来。每条线只能画一次，并且笔迹不能中断。

下面这道题很类似：请你画出 6 条直线段，同样不能中断。但与"尼古拉斯的房子"这个游戏相比，没有限制线条本身，却要求连接 16 个点。

这 16 个点中的每一个点都必须至少被一条线连接一

次。不是连接点的边缘的某个地方，而是正好要从点的中间穿过。

你能做到吗?

54. 被切割的正立方体

想要解答下面这道题，需要发散你的空间思维。我们想直线切割一个正立方体。这样就会形成两个较小的立体，且切割面是平整的。那么切割面可以形成哪些几何形状呢?

一个正方形——肯定可以。我们只需要将切割面平行于正立方体的任何一个侧面。

但是切割面是以下形状呢?

• 等边三角形

- 正五边形
- 正六边形

如果你呈直线切割正立方体，可以出现这些形状吗？如果可以，切割面必须在哪里？

55. 被 6 个圆包围

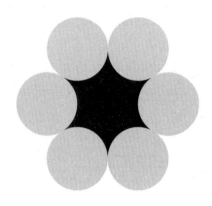

6 个相同大小的圆圈彼此相邻围在一起，它们的中间形成了一个规则的有 6 条边的图形。

请问图中所示被圆包围的黑色部分的面积是多少？

提示：假设 6 个圆的半径是 1。

56. 切割面

正立方体远不止看上去那么简单。例如，你可以呈直线把它切成两半，使得切割面是一个等边三角形。切割面也可以是正六边形。

下面这道题可能会让你的空间思维能力发挥到极致。我们要再次来切割一个正立方体，并使得切割面是一个正六边形。

但这并不是一个普通的正立方体。它有三个孔洞，孔的形状是正方形。孔的边长恰好是正立方体边长的 $\frac{1}{3}$ ——请见上图。

现在要切割这个带有孔洞的正立方体，使得到的切割面整体是一个正六边形。但是切割面并不封闭，在切割面的中间有一个开口。

请问这个正六边形的切割面究竟是什么样子的？

深思熟虑

寻找聪明的策略

轮盘赌、斯卡特纸牌、国际象棋——数学在寻找好的游戏策略方面起着重要的作用。以下这些谜题也需要巧妙的策略。

57. 桌子上的 100 枚硬币

米夏埃尔和他的女朋友苏珊想出一个游戏：在桌子上放100 枚 1 欧分的硬币，每个玩家轮流从桌子上拿走 1 到 6 枚硬币。每次拿取的具体数量可以任意选择。最终，谁从桌子上拿走了最后一枚硬币，谁就赢了。

苏珊可以先开始，即首先从桌子上拿走 1 到 6 枚硬币。她要怎么做才能确保自己赢得比赛？

58. 落单的羊

有 3 只羊需要新鲜的草，于是它们正在寻找新的草地，一条河流挡住了它们的去路，同时它们不愿意和它们的伙伴在一起。

它们和 3 只狼一起站在河岸上，这 6 只动物都想要渡河到对岸去。但是河里的小船最多只能运载 2 只动物。

理论上，1 只羊可以依次将其他 5 只动物带到另一边。但是如果一侧河岸狼的数量多于羊的数量，羊就会很危险。

请问该如何组织动物渡河，才能保证每侧岸边羊的数量多于狼，并且能使 6 只动物都安全地到达对岸？

59. 逃跑的国王

在一张棋盘上有两枚棋子。国王在右下角，马在对面左上角。

马想要吃掉国王，国王自然要跑。

两枚棋子的移动规则和常规国际象棋一样：国王总是走一格到相邻的棋格里（直线或对角线），而马则行所谓的"马走日"（向左或右走一格，再向前走两格）。

马先走第一步。请问国王是否可以避免被马吃掉？

60. 如何恰好得到 100 分？

长期以来，飞镖一直被认为是一种典型的酒吧游戏。但时代变了，德国电视台早已开始转播飞镖职业比赛，粉丝像追捧超级巨星一样追捧着如加里·安德森（Gary Anderson，绰号"飞翔的苏格兰人"）一般的选手。

本道谜题中使用的飞镖靶不同于正式比赛中使用的飞镖靶，没有双倍和三倍得分区的圆环，也没有正中间的靶心。

正式比赛中使用的飞镖靶有 20 个分区，从 1 分到 20 分，而本题中的飞镖靶只有 10 个不同的分区——请见上页图。在这 10 个分区上写着不同的分数：

6, 7, 16, 17, 26, 27, 36, 37, 46, 47

迈克、克里斯蒂安和艾拉想要玩一场飞镖游戏，他们的目标是要恰好获得 100 分。因为这些奇怪的分数，三个人先是思索了好一会儿这是否有可能。这些玩家投掷得非常精确，通常他们瞄准哪个分区就会投到哪个分区。最后，他们做出以下陈述：

迈克："我掷 3 次就可以得到 100 分。"

克里斯蒂安："我不知道 3 次能不能行。但掷 6 次，肯定能成功。"

艾拉："我知道我投掷 8 次可以完成目标。"

请问谁是对的？

提示：一个分区可以被投中两次或多次。

61. 你的帽子是什么颜色？

不用看帽子就知道自己戴了什么颜色的帽子，这是一道经典谜题。这道谜题有许多不同的版本，我发现下页这一版本特别巧妙。

有 10 名囚犯有机会出狱，包括 5 个男青年和来自隔壁女子监狱的 5 个少女。

监狱长说道："你们所要做的就是告诉我你们帽子的颜色，回答正确的人就可以出狱。"

囚犯问道："什么帽子？"

"我马上给你们每人发一顶。"监狱长回答，"在此之前，你们按照男女交替的顺序一个挨一个地站好。"

帽子有两种颜色：红色和蓝色。监狱长解释说："每个人都可以看到其他囚犯帽子的颜色，但看不到自己的。你们不可以走动或相互交流，也不能使用秘密手势。当每个人都戴上帽子时，你们有一分钟的时间来环顾四周。之后，我会请你们一一到我的办公室来，告诉我你们头顶帽子的颜色。"

"啊，开始吧，这挺容易的。"一名囚犯说道。

"你真的这么认为吗？"监狱长回答道，"只有我能听到你们告诉我的结果。如果你们寄希望于每个人通过回答能传递出其他人帽子颜色的信息，那你们就错了。"

"那该怎么办呢？"一位女士问道。

"好吧，"监狱长回答道，"在我分发帽子之前，会给你们五分钟的时间考虑。你们在此期间可以相互交谈。但是一旦戴上了帽子，就不可以了。"

几名囚犯会被释放？他们该怎么做才能成功呢？

62. 哪个盒子，哪种酒？

红的还是白的？选择合适的酒不仅仅取决于食物，还取决于个人喜好。

为此，一家酒庄推出了 4 种不同的礼盒。每个礼盒里面都有 3 瓶酒，但是礼盒里面酒的颜色有所不同，这就要看顾客的喜好了。

一个盒子里面只有红葡萄酒，另一个盒子里面只有白葡萄酒。第三个盒子里面有 2 瓶红葡萄酒和 1 瓶白葡萄酒。在第四个盒子里，有 1 瓶红葡萄酒和 2 瓶白葡萄酒。

白葡萄酒和红葡萄酒的这 4 种可能的组合都各有 1 盒放在酒庄的商店里以供展示。但是，工作人员在粘贴盒子上的标签时出了点问题。四个盒子里的内容与外盒标签全部不符。

外盒的标签上，W 代表白葡萄酒，R 代表红葡萄酒。

你现在的任务是要找出哪个盒子里是哪个组合。你还可以从盒子中取出单个酒瓶，但不能往盒子里面看。你只能通过酒瓶上的标签得知葡萄酒的颜色，而这个标签你只有在将酒瓶从盒子里抽出来后才能看到。

最少要抽出多少个酒瓶，才能知道四个盒子里装的是什么？

提示：我们要找最小值。在某些情况下，你可能要从盒子里取出更多数量的酒瓶才能找到答案。

63. 计时 15 分钟——两根导火线

你有两根导火线，它们都正好能燃烧一个小时。你的任务是要用这两根导火线计时 15 分钟。你应该如何操作？

你不可以剪断导火线，也不可以折叠导火线来确定其中点的位置。这些也都不值得去做，因为导火线燃烧得并不均匀。燃烧速度的快慢相当不确定，唯一可以确定的是每根导火线燃烧完需要 60 分钟。

还有一项额外的任务：你能用一根而不是两根导火线来计时 15 分钟吗？

64. 消除所有正方形

美国人萨姆·劳埃德（Sam Loyd，1841—1911）是一位出色的国际象棋棋手，他还设计了大量的谜题和游戏，刊登在报纸和杂志上，吸引了数百万的读者。下面这道火柴问题，也归功于劳埃德。

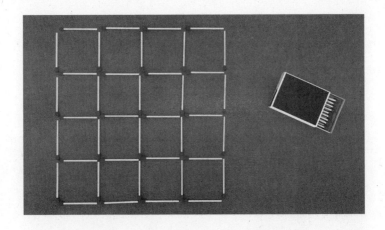

我们将 40 根火柴摆成一个由 16 个正方形组成的网——请见上图。不过实际上，火柴组成的正方形比 16 个 1×1 格的正方形要多。这里面还有 1 个 4×4 格的正方形、4 个 3×3 格的正方形和 9 个 2×2 格的正方形。总共有 30 个正方形。

现在，你要移除一些火柴，使图中不再有正方形。请问至少要移除多少根？

65. 数学天才最喜欢的谜题

数学家彼得·朔尔策（Peter Scholze）被认为是德国现今最伟大的数学天才之一。2018 年，他在里约热内卢获得了数学领域的最高荣誉——菲尔兹奖。

朔尔策在学生时代就热衷于解答数学谜题。我想在此给大家分享一道他特别喜欢的谜题。这道谜题出自苏联作家弗拉迪米尔·廖夫希（Wladimir Ljowschin）的著作《护卫舰船长一号》（*Fregatten-Kapitän Eins*），此书于 1989 年由莫斯科的拉杜加出版社（Raduga-Verlag）以德文译本出版。

一只狮子生活在一片由正方形围栏圈住的沙漠中。这个正方形的边长有 10 千米。你的任务是要抓住这只狮子，让它待在一个边长最多为 10 米的正方形围栏里。

你可以在这片荒漠中放置多道新的栅栏，但只能在晚上，因为白天，狮子很可能会发现你并立即把你吃掉。然而在晚上，你可以安全地进入沙漠，因为狮子有夜盲症，通常晚上都在睡觉。当狮子听到脚步声时，为安全起见，它会悄悄溜走。所以你也不会有在黑暗中不小心踩到它的风险。

你可以在任何地方放置栅栏，但每道都必须是一条直线形栅栏。重要提示：每晚只能放置 1 道栅栏。一旦栅栏放置好以后，你不可以再移动它。你在白天可以清楚地看到狮子，但是在晚上就看不到了。

你需要多少个夜晚，才能把这头猛兽困在一个边长不超过 10 米的围栏里？

66. 暗号！

马克斯很想去"超级聪明人士俱乐部"，但门卫会问所有访客要"密码"，只有给出正确答案的人才能进入。

有一天，俱乐部门口停着一辆大型送货卡车，马克斯躲在卡车的后面偷听。他听到了以下对话：

门卫："16（Sechzehn）。"
访客："8。"
门卫："欢迎，请这边进。"

门卫："8（Acht）。"
访客："4。"
门卫："欢迎，请这边进。"

门卫："28（Achtundzwanzig）。"
访客："14。"
门卫："欢迎，请这边进。"

马克斯认为他已经知道是怎么一回事了，就朝门卫走去。门卫对他说："18（Achtzehn）。"

马克斯回答："9。"

接着门卫就对他骂道："滚出去，你不属于这里。"

马克斯应该回答什么？

67. 棋盘与 5 个皇后

你不需要擅长国际象棋才能解答以下问题。但是，你得知道皇后在国际象棋棋盘上的走法：它可以横、竖或斜着走任意格数。每步棋可向任一方向移动。

在你面前是一个空的国际象棋棋盘。你要在棋盘上放置 5 个皇后，使得棋盘上的每个空棋格都受到至少一个皇后的威胁。换句话说：每个空棋格都要满足至少一个皇后 1 步棋就能到达的条件。

巧妙分配

可能性和概率

谁掷骰子运气好？在袜子彩票中取出的是哪种颜色的袜子？本章谜题有关概率计算和组合数学，你解答出来的可能性有多大呢？

Aufgaben
习题

68.邮局里的混乱

邮局不仅负责接收和分类邮件，还负责寄送信件和包裹。当然，有时候也会出现一些问题，在本题中，工作人员向巴西、瑞典和新加坡的商务合作伙伴寄送账单时就引发了混乱。

每份账单上都写有收件人的名称，并且每份账单都被分别放进一个大信封里，信封上都已预先贴好写有收件人地址的贴纸。

总之，所有寄往巴西的账单都被放进一个包裹里寄到了巴西，寄往瑞典和新加坡的账单也都被分别放进各自包裹里寄到了瑞典和新加坡。这些信件被送到目的国后再被分发。然而因为地址贴标和账单收件人名称不相符，除了一封信之外，其他的信件都被退回了。这个例外就是寄往新加坡的一份账单——只有它被寄给了正确的收件人。

"竟然发生这样的事。"邮局负责人在听说账单混淆时说，"把这些账单装进错误的信封里，有非常多不同的可能组合。但是发生现在这种情况，只有 6 种不同的组合。"

请问总共寄出了多少份账单？

提示：邮局负责人知道有多少份账单寄到哪个国家。每个国家至少有一份账单。

69. 袜子彩票

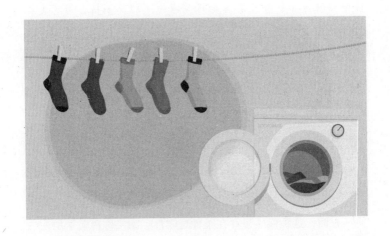

这道谜题的主人公叫哈拉尔德，他从星期一到星期五每天都穿不同颜色的袜子。每周六，他将这5双袜子一起放入洗衣机清洗。

洗衣机甩干后，哈拉尔德闭上眼睛将手伸入滚筒中10次，每次取出来1只袜子。他按照从滚筒中随机取出的先后顺序将袜子挂在一条晾衣绳上。

哈拉尔德这些年来观察到，他从来没有成功成对地按照颜色把袜子挂在绳子上过。这让他感到有点恼火，因为他更喜欢事物井井有条的状态。当然，他可以在把袜子挂起来之前就将袜子按颜色分类好，或者干脆仔细看一下他抓取的是什么颜色的袜子。

不过他将 10 只袜子随机从洗衣机中先后取出，就好像是按照颜色分类取出一样，这真的不可能发生吗？至少这也不是绝对不可能的。

哈拉尔德自问：如果他每个星期六都洗他的 5 双袜子，他平均要等多少年才有可能让晾衣绳上的袜子按照颜色分类排列？

提示：5 双袜子的颜色各不相同。我们假设一年有 52 周。

70. 掷骰子的运气

扎比内正在玩一颗骰子。她在桌面上一次次地重复掷骰子，掷出来的点数是随机的——扎比内当然知道这一点。不过另一方面，这种偶然也存在某种规律性。如果你掷骰子的次数足够多，那么 6 个不同点数出现的概率也差不多相同。

"因为点数出现的概率相同，"扎比内说，"那么当我投掷一定次数后，从 1 到 6 的每个点数都至少会出现一次，对吧？"

她思考了一下后又认为这么说不太准确："我也可能总是掷出点数 1。"虽然像这样一直掷一直出现点数 1 的概率极低，但也不是完全为零。

所以扎比内稍微改动了一下她的问题："我平均需要掷多少次骰子，才能使从 1 到 6 的每个点数都至少出现一次？"

你知道答案吗？

71. 风衣轮盘赌

德国联邦情报局的四个男同事晚上一起去一家酒吧喝酒。他们穿着平常的制服——来自品牌"维克托的秘密"（Victor Secret）的浅色风衣。因为他们的体形大致相同，所以他们的风衣尺码也相同，并且几乎没有任何区别。

他们把风衣留在酒吧的衣帽间就去喝酒了。喝完两轮啤酒后，他们回到衣帽间，并随机取回他们的风衣。

请问至少有一个人拿回自己风衣的概率是多少？

72. 骰子决斗

尼古拉和弗洛里安想出了一个玩两个骰子的游戏：将两个骰子同时掷出，如果点数的总和是偶数，尼古拉就得 1 分；如果是奇数，那么弗洛里安就得这 1 分。

这是一场公平的游戏吗？或者说这两个人中的一个人会有更大的获胜机会吗？

73. 有多少个新火车站？

　　下面这道谜题的历史有点久远。你曾在售票处买过预先印好的火车票吗？几乎所有能想到的路线都有火车票：例如，柏林—汉堡，当然还有从汉堡回柏林的回程票。

　　我们身处一个拥有由众多火车站组成的铁路网的小国家。在每个火车站，你都可以买到去往这张铁路网上其他任一火车站的预印火车票。去程和回程需要不同的火车票，因为这两张火车票上的出发站和目的地不同。

　　现在要扩建铁路网并增加多个火车站站点。老站点的旅客多了新的目的地，从新增加的站点可以前往任何其他站点，无论是新站点还是已经存在的站点。

　　因为铁路网的扩建，所以要增加 34 种新的火车票，并将它们打印出足够多的数量，然后再分发到各个火车站去。

　　请问增加了多少个新的火车站？

74. 7 个小矮人，7 张床

　　如果每个人每天都做完全相同的事情，就不会出什么大错。但这样很快就会无聊。有 7 个小矮人就是这样，他们总是按照同样的规则上床睡觉。

每个小矮人都有自己的床。首先是最矮的小矮人爬上了他的床，然后是第二矮的，接着是第三矮的，依次类推……直到最后最高的小矮人躺在他的床上。

有一天晚上，最矮的小矮人决定打乱这一规则。他并没有躺到自己的床上，而是躺在随机挑选的另一个小矮人的床上。

下一个要上床睡觉的小矮人是第二矮的小矮人，他走向了自己的床——如果床没有被占的话。但是，如果这张床被占用了，他就会随机选择另一张床睡下。接下来的小矮人们也都如此操作。

那么，在这天晚上最高的小矮人睡在自己床上的概率是多少？

75. 弯曲的硬币

这真的让人恼火！裁判一直尽力做到尽可能公平，然而一枚弯曲的硬币却妨碍了双方进行选择时做出公平的随机决定。

在足球比赛中，挑边通常是这样的：客队队长选择硬币的一面，主队队长选择硬币的另一面。然后裁判抛掷硬币，猜对的一方可以选择他们的球队在上半场的进攻方向。

然而，这枚弯曲的硬币却让队长们产生了怀疑。他们自问：这公平吗？当然不公平！

这时裁判却有了一个主意。他该怎么办才能只用这枚弯曲的硬币做出 50%：50% 的随机决定？

76. 拍照定名次

路德维希、玛丽和奥菲莉亚每天都在比赛赛跑。他们在冲刺终点时彼此间的距离通常都非常接近。有一个朋友总是会在他们冲刺终点时给他们拍照片，这样他们就可以在每次赛跑后看到谁取得了第一、第二和第三名。

经过 30 天的 30 场比赛之后，他们三人仔细地查看结果：

• 路德维希比玛丽领先的次数多于玛丽比路德维希领先的次数。

• 玛丽比奥菲莉亚领先的次数多于奥菲莉亚比玛丽领先的次数。

那么有没有可能，奥菲莉亚比路德维希领先的次数反倒更多呢？

77. 数学家的选举

联邦组合数学协会的理事会目前正在寻找一位新的领导者，领导者只能是一人，但却有 20 个人报名。在协会年会上，候选人首先要进行自我介绍，然后再相互讨论，最后再进行选举。

为了让整个选举过程不至于太混乱，每次 20 个人中只有 10 个人可以上台待半个小时。

为确保竞选活动公平，候选人只有在台上时才可以出言质问他人。而这个被问的人必须同时在台上，他也可以出言反击。

所有 20 名候选人至少都与其他人同台过一次，需要多少轮（每轮由10人组成）？

78. 舞蹈协会的年龄检查

"婚礼"舞蹈协会的成员每周都在一家酒吧聚会跳探戈。这个协会只接纳新婚夫妇为会员，这也是协会名称的由来。

为了准确了解会员的年龄，协会主席制作了3份列表：

• 在第1份列表中，已婚夫妇按男方年龄由小到大排列。

• 在列表2中，女方的年龄决定了已婚夫妇的排序，最年轻的排在列表首位。

• 在列表3中，已婚夫妇按照他们的总年龄（男方年龄＋女方年龄）由小到大排列。

在列表1中，迈尔夫妇排在第7位，凯泽夫妇排在第8位。在第2份列表中，顺序正好相反：凯泽夫妇排在第7位，而迈尔夫妇排在第8位。

在按总年龄排序的列表3中，迈尔夫妇排在首位，他们的年龄总和是最小的。与此相反的是，凯泽夫妇却排在最后。

请问舞蹈协会有多少对已婚夫妇成员？

质量和狗

物理难题

难以想象没有数学和物理的世界会是怎么样。
所以本章有许多漂亮的谜题，关于奔跑的狗和飞机。
唤醒你心中的爱因斯坦吧！

79. 什么时候放学?

朱尔斯和梅尔住在一个偏远的小村庄里。每天早上,这两个一年级的学生乘坐公共汽车去上学。下午,梅尔的父亲开车来接他们,他总是恰好在最后一节课结束的时候到达学校。

有一天,最后一节课比平时提前结束了,这两个小学生决定往回先走一段路,再与开车而来的梅尔父亲碰头。当朱尔斯和梅尔看到梅尔父亲的汽车并挥手时,他们已经走了整整 30 分钟。梅尔的父亲停车后让孩子们上车,然后开车返回了村子。三个人比平时提前了 20 分钟到家。

现在的问题是,学校提前了多久放学?

提示:或许很难相信,但这确实是可以计算出来的。我们假设汽车始终匀速行驶,并忽略不计车子停靠和孩子上车的时间。

80. 魔镜啊魔镜

　　镜子在童话故事《白雪公主》里扮演了一个核心角色。有一个自负、善妒的王后一直反复问它同样的问题："魔镜啊魔镜，谁是这个世界上最漂亮的女人？"

　　魔镜总是回答说，王后是最漂亮的。但有一天她得到了不同的答案："尊敬的王后，您是这里最漂亮的，但白雪公主比您漂亮一千倍。"

　　我们并不是要在此探讨如何计算一个人的漂亮值，而是想问，镜子需要多高才能让王后从镜子里完全看到自己——从头顶的王冠到双脚。王后总是笔直地站在镜子前，镜子垂直挂在墙上并且没有弯曲。请问镜子的最小高度是多少？

　　两个附加问题：镜子要悬挂在离地面多高的地方？王后站在离镜子多远的地方才能使镜子尽可能小？

81. 岛屿巡游

有一架飞机每天都直飞邻近的一座岛屿并返回。该地区的天气非常稳定。如果有风，那么这一整天风都会以恒定的强度从同一个方向吹来。如果没有风，那么这一整天都没有。

涡轮机始终提供相同的推力，飞行员在去程和返程之间没有对此做出任何变动。起飞和降落都始终花费相同的时间，无论风况如何。

在今年的首航日，航班去程和返程时均无风。如果前往邻近岛屿的去程航班遇到强逆风，而返程航班遇到同样强劲的顺风，那么航班去程和返程的总飞行时间将如何变化？

总飞行时间会保持不变，还是会变长或变短？

82. 一日徒步旅行

有些题目会因为缺失一些重要的信息，看起来无法解答。下面这道题就绝对属于这一类。

有一名女子在早上 9 点钟开始徒步旅行。她非常热爱运动，并且中途不会休息。她徒步穿越了平坦的路段，走过上坡，也走过下坡，最后到达一个山顶。一到山顶，女子就立刻掉头，原路返回起点，并在下午 6 点整到达。

该女子以 3 种不同的速度行走：平地时的速度为 4 千米 / 时，上坡时的速度为 3 千米 / 时，下坡时的速度为 6 千米 / 时。但是我们不知道徒步路线的具体路况如何。

请问：这名女子在一天的徒步旅行中走了多远?

83. 精准计时

一名自行车赛车手某日要骑行 120 千米。对此，她正好需要花 4 个小时，相当于平均速度是 30 千米 / 时。

当然，她在行驶过程中的速度并不恒定。如果是上坡或逆风，速度就会比下坡或顺风要慢。但是我们不知道确切的路况或风况。

请你证明在 120 千米的路程中，至少有一段 30 千米的路程需要自行车赛车手骑整整一个小时。

84. 导航上的和谐

和谐是一件美好的事情。你不仅可以在听音乐或与朋友闲聚时感受到它，还可以在徒步旅行或做数学题时感受到它。

而且，只要你想要，甚至可以在车内查看导航设备时感受到它。

我们这道谜题的主人公正开着他的小轿车穿过一片荒凉的区域，不得不说的是，他有恋数癖。当他看着导航的显示屏时，他感觉到了美妙的和谐。因为数字 100 在显示屏上同时出现了两次：一次是距离目的地还有 100 千米，另一次是当前时速 100 千米 / 时。

这位司机认为：他可以调整自己的速度以适应不断缩短的距离，使得两者的数值始终相同。在距离目的地 99 千米时他会减速到 99 千米 / 时，在剩 98 千米时减速到 98 千米 / 时，以此类推。虽然这将增加他穿越荒凉地区的行驶时间，但至少也给他提供了一种持续和谐的乐趣。

现在的问题是，如果这个人根据距离不断调整速度，他需要多长时间才能到达目的地？

还有一个提示：速度和距离显示为整数，没有小数点。

85. 动物赛跑

有些动物的奔跑速度快得令人惊讶，在大草原上，每小时 50 千米或 60 千米的速度并不少见。现在有一匹马、一只长颈鹿和一头大象约好一起赛跑。比赛距离是 1000 米，每场比赛只有两只动物参加。

在第 1 场赛跑中，马战胜了长颈鹿。在冲过终点线的那一刻，马领先了 100 米。

长颈鹿赢得了第 2 场比赛，领先大象 200 米。

最后，马和大象展开了较量。马冲过终点线时，它领先了大象多远？

提示：我们假设每只动物在每场比赛中都以相同的速度奔跑。

86. 铜还是铝？

在你面前有两个外观相同的球，它们都被漆喷成了白色。这两个球都是金属的，空心，质量相同。其中一个球由铝制成，另一个则由铜制成。

你如何用最简单的实验找出两个球的材料？

提示：你不可以刮掉白漆或使用实验室设备，也不能利用磁铁。

87. 辛勤的牧羊犬

你肯定还记得在物理课上学过什么是匀速运动：一个物体等速度直线运动。这并不是很复杂。

但是下面这道题表明，一旦不同的速度和突然的方向变化同时出现，匀速运动很快就变得混乱了起来。

牧羊犬亚历克索十分尽职，时时刻刻都想着照看它的羊群。这群羊想要迁徙到新的牧场，它们形成了一支 100 米长的羊群队伍，以恒定的速度沿直线迁徙。

亚历克索在羊群的最后面，然后跑到羊群的最前面，当它到达最前面时，又立即掉头飞奔回羊群的最后面——请见下页图。当它回到最后面时，羊群已经跑了整整 100 米。

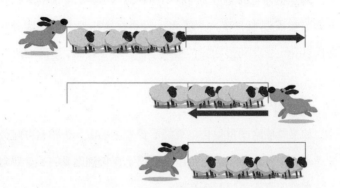

我们假设羊群和牧羊犬都做匀速直线运动，并且牧羊犬掉头时不会浪费时间。

牧羊犬从羊群的后面跑到羊群的前面，然后又跑回后面，一共跑了多少路程？

88. 太阳从东边落下

日落在诗歌和歌曲中都是非常受人喜爱的主题。是的，它是大自然为我们提供的最浪漫的时刻之一。

不过，日落的路线几乎是固定的。太阳从西方落下，这是因为地球向东自转，所以我们也会看到太阳从东方升起。

现在的问题是，我们难道不能看到太阳从东边落下吗？对此，你怎么认为？

两点提示：排除宇航员和空间站。同样排除直接从北极点和南极点观察日落这个答案，因为在这些地方无法区分东和西。

89. 完美平衡的旋转木马

　　如果轮胎转动得很快，最好不要失去平衡，否则它可能会晃动不停从而运行不顺，所以会有固定在轮辋边缘的小金属附件，来确保汽车轮胎不会晃动。

　　旋转木马的操作员也很熟悉这个问题。一个旋转木马有24个座位，它们均匀围成一圈，只要所有位置的人体重相同，那么旋转木马就会转得非常顺利。然而经常会出现乘客较少的情况，这时就会出现旋转木马是否仍能保持平衡的问题。

　　如果有 6 个乘客，答案就很简单。让乘客与乘客之间各自

留出 3 个空位,乘客所坐的位置形成一个正六边形。如此旋转木马就可以运行无碍。

不过如果是其他数量的乘客呢?哪些数量的乘客才能让旋转木马毫无问题地运行?

提示:我们假设所有乘客的体重相同。当所有人的共同重心与旋转木马的中心位置相同时,旋转木马则是平衡的。

难题

11 个真正的挑战

 最后是真正的难题；11 道让你烧脑的问题。我的建议；你可以花好几天的时间反复思考这些问题。有时候，闪现关键性的想法需要更长的时间。

90. 1 枚硬币，连续 3 次

马克斯向玛雅挑战抛硬币游戏：

"我们反复抛这枚硬币，一旦硬币的数字面连续 3 次朝上，我就赢了。"

"那我什么时候赢呢？"玛雅问道。

"你自己也可以想出一个序列，包含三个连续的结果，"马克斯说，"可以在头像面和数字面之间自由选择。如果你的序列出现在我的序列之前，你就赢了。"

玛雅应该选择什么样的序列？如果选择这种序列的话，她获胜的概率有多大呢？

91. 恼人的铅笔

当建筑师规划一座建筑时，他们还必须考虑到尽可能短的距离。放置电梯、楼梯和门的最佳位置在哪里？哪条电线线路通向哪里，以便能穿过所有房间且连接的线路总长不会太长？

下面这道谜题是这个问题的抽象化版本。你可能听说过这道关于四个球的题：如何排列才能使每个球都接触到其他三个球？

答案众所周知：将四个球堆成一个三角锥，请见下图：

我们这道题更具挑战性：请你将 6 支铅笔在空间中进行排列，使每支铅笔都能接触到其他 5 支。

提示： 我们设定铅笔是圆柱体并且只有一端被削尖了。

附加题： 如果改成 7 支铅笔，请你解答这个问题。

92. 公主在哪里？

婚礼正在如火如荼地筹备中，这时王子收到一条令他担忧的消息：公主失踪了。

有传言称公主被绑架了，被绑到了逻辑岛上。逻辑岛上的一切都严格合乎逻辑。岛上生活着两个部落，一个部落的人总是说真话，另一个部落的人总是说谎话。

逻辑岛的国王由这两个部落的人轮流担任，然而只有少部分人才知道现任国王属于哪个部落。

大家只知道一件关于国王的事：他知道岛上正在发生的一切以及过去发生的一切。

王子找到国王并向他询问以下两个问题：

1）公主是在逻辑岛上吗？答案是"是"或"不是"。

2）你是见过公主吗？答案还是"是"或"不是"。

我们不知道国王会如何回答这两个问题，但我们知道王子知道他的回答是什么，并且他现在已经知道了公主是否在逻辑岛上。

你也知道了吗?

93. 丢失登机牌的乘客

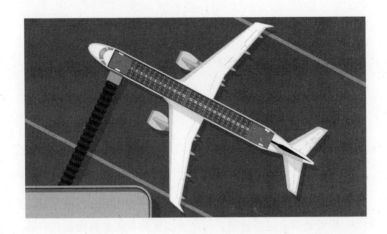

下面这道题花了我不少时间。我曾试图用越来越复杂的公式来解答这个问题,但没有成功。直到几天之后,我才恍然大悟。你也能解答出来吗?

有 100 名乘客正在机场等待最终登机。这架飞机刚好能容纳 100 名乘客,所以航班已经被订满了。

这 100 名旅客排成一列,终于开始登机了。但是,站在队伍最前面的第一个登机的男子却不幸丢失了登机牌。由于电脑系统宕机,乘务员还是先让他登机了。"您可以随意找一个位子坐下。"一名乘务员对他说。

这名男子照做了。在其之后的所有乘客都按照登机牌上的指定座位寻找自己的位子坐下。但是，如果这个座位已经有人坐了，他们可以像队伍最前面的男子一样随意选择一个空着的座位坐下。

问题：队伍里的最后一名乘客，即100号乘客，坐到登机牌上指定座位的概率是多少？

提示：这道题类似于第176页的第74题"7个小矮人，7张床"，但情况略有不同。

94. 失踪的冒险家在哪里？

你可能知道这道谜题：一个徒步旅行者先是向南走，然后向西走，最后再向北走就回到了他的起点位置。问题是他在路上遇到的熊都是什么颜色的。

大多数人会回答白色。这个徒步旅行者正好从北极点出发，先是向南，然后向西，最后又向北。

下面这道谜题乍一看似乎没有什么不同：有一位冒险家在地球上的某个地方失踪了。不过关于他这次的徒步旅行，我们获取到一些信息。

根据这些信息我们得知，他先是向南走了 5 千米，然后向西走了 5 千米，最后又向北走了 5 千米，就正好回到了他出发的地方。

问题：这个地方可能在地球上的哪里呢？我们应该去哪里寻找失踪者？

提示：如果你认为他就在北极点，这个答案肯定是不正确的。北极点的观测站点有研究人员，如果他在北极点，他们肯定会注意到这位冒险家，但是他失踪了。

95. 奇妙的 4

平方数历来都让人们着迷。古代巴比伦人早已在泥板上记载过所谓的"毕氏数"：自然数 a、b、c 满足方程 $a^2 + b^2 = c^2$。它们也可以是一个直角三角形的各边长。例如 $3^2 + 4^2 = 5^2$ 和 $20^2 + 21^2 = 29^2$。3 个以上的平方数也可能有令人惊讶的组合，例如：$10^2 + 11^2 + 12^2 = 13^2 + 14^2$。

不过本题和平方数的和无关，而是关于平方数的数字：

已知任意一个自然数，现在请你将这个数进行求平方运算，使得到的数值的最后一位数字是 4，请问有可能吗？

如果只要求最后一位数字是 4，很显然存在答案：其中一个答案就是 2，因为 $2 \times 2 = 4$。数的末尾有两个 4 也是有可能的：$12 \times 12 = 144$。

现在我们回到原本的问题上：一个平方数的末尾可以出现多少个数字 4？有可能是任意多数量的 4 吗？或者数量是否有上限？如果有，上限是多少？

96. 三角标靶

射击协会来了一位新的理事，他想做一些与众不同的事情。他的第一个决定就引起了大家的一致反对：以后气枪射击

不再打圆形靶，而是打三角靶。

三角靶为等边三角形，边长 10 厘米。

一名射击者对新靶进行了 5 次射击，并且命中了 5 次，但我们不知道这些命中点是如何分布的。

请你证明，在靶上始终有两个命中点相距不超过 5 厘米。

97. 同名同姓的孩子

一个新组建的班级有 33 名学生。这意味着每个人都需要记住 32 个名和姓，因为孩子们迄今为止彼此并不认识。

当孩子们互相自我介绍时，他们注意到，有一两个名或姓出现了两次、三次，甚至更多次。他们决定查个水落石出。

每个孩子在黑板上写下班上有多少个同学与自己同名。然后 33 个孩子每人又在黑板上写下有多少个同学与自己同姓。在这两种情况下，书写者都不将自己算入其中。

最终黑板上出现了 66 个数字。而在这 66 个数字当中，这些数字 "0，1，2，3…9，10" 每个都至少出现过一次。

请你证明这个班至少有两个孩子的名和姓都相同。

提示：每个孩子都只有一个名和一个姓。

98. 兄弟姐妹问题

男孩还是女孩？决定孩子性别的当然不是第一次超声波检查，而是精子的竞赛。在一个男人的数十亿精子中，含有 X 染色体和 Y 染色体。男孩（XY）和女孩（XX）由最终含有哪种染色体的精子和女性的卵子相遇决定。

性别的选择是随机的，因此它非常适合以下这道数学谜题。这道题关于正好有两个孩子的母亲。有几百名这样的母亲聚集在一个大礼堂里。

一位女士穿过人群，向在场的人问道："你至少有一个儿子吗？"一位被问者回答"是的"，接着透露了她的名字：玛蒂娜。

现在是第一个问题：玛蒂娜有两个儿子的概率是多少？

在场的另一位母亲被问到以下问题："你至少有一个儿子是在星期二出生的吗？"这位女士的回答是"是"，并同样提供了她的名字：斯蒂芬妮。

斯蒂芬妮有两个儿子的概率是多少？和玛蒂娜的概率一样大吗？

提示：我们假设两种性别概率相同，也就是生女儿的概率和生儿子的概率一样大。此外，我们还假设孩子的生日平均分布在一周内的 7 天中。

99. 分而治之

有一个国王统治了王国很多年，那些年对他来说都是好年头。他的属下必须卖命工作，但是大部分利润都归他所有。然而时代变了。沮丧的人民吹响了革命的号角。

从前的王国现在变成了一个民主国家。然而，因为国王曾过度剥削他的属下，所以他现在失去了投票权。

但是这位前独裁者并没有放弃：他想夺回他认为自己应得的东西。如果没有别的办法，那就只好通过民主的方法。

革命后，王国的财富被重新分配。前国王和他的 9 名前属下，一共 10 个人，每个月正好有 10 枚金币用来支付他们的薪水。因此每个人每个月都会得到 1 枚金币，包括前国王。

只要得到大多数人的支持，这个分配方案每月都可以变动。如果改变分配方案能使前属下的月收入增加，那么前属下就会投赞成票。如果他的薪资减少，他就会投反对票。如果他的月薪没有变化，他就弃权。前国王无权投票，但他是唯一一个可以就如何改变金钱分配方案提出建议的人。

请问前国王的月薪最高可以达到多少？

附加问题：如果包括国王在内一共有1000人，每个月发放1000枚金币，最初刚好是每人1枚金币。请问国王可以拿到的最高金额是多少？

100.12个球和一架天平

更轻还是更重？使用经典的杠杆式天平，我们要将物体放在两个秤盘上来相互比较质量。你需要用这样的一架天平来解答下面这道题：

桌子上有12个球，它们在视觉上没有任何区别。12个球中有11个球的质量完全相同，只有一个球的质量与其他11个球的质量不同。

我们不知道这12个球中的哪个球与众不同，也不知道它比其他球轻还是重。

请你找出这个质量不同的球，并判断它是更轻还是更重。你可以使用杠杆式天平，但只能称量 3 次。你该如何操作？

提示：请不要太快放弃！这道题里描述的问题要比常见的天平难题明显更难，但我相信你能够解出来的！

Lösungen
答案

1. 如何量取 6 升水?

这道题有多种不同的解法。下表描述了其中一种解法，共有 7 个步骤 [图表中的数字表示每个步骤后两个水桶的装水量（升）]。

	9 升水桶	4 升水桶
初始情形	9	0
步骤 1	5	4
步骤 2	5	0
步骤 3	1	4
步骤 4	1	0
步骤 5	0	1
步骤 6	9	1
步骤 7	6	4

不管按照何种方式，最终你必须在倒数第 2 步之后，让 4 升的小水桶里面只剩 1 升水。因为你可以从装满水的 9 升大水桶里往小水桶里倒水，又因为小水桶里只能再装 3 升水，所以大水桶里正好还剩下 6 升水。

2. 如何将黄金运走？

4 辆货车就够了。

3 辆货车不够。举例来说，总运输质量为 9 吨，可能包括 10 件雕塑（每件雕塑重 900 千克）。如果只有 3 辆货车，那么 3 辆货车中必须有一辆车要装 4 件雕塑。但是，4 件雕塑的总质量是 3600 千克，而一辆货车最多只能装载 3 吨，那样就超重了。

为什么 4 辆货车就足够了呢？

我们将第 1 辆货车装上货物，让它最少装 2 吨，最多 3 吨。无论何种情况下这都是可行的，因为没有一件礼物的质量超过 1 吨。

然后我们给第 2 辆和第 3 辆货车装上货物，直到它们都同样至少装载了 2 吨货物，但不超过 3 吨。这也是可行的，因为没有一件礼物的质量超过 1 吨。

现在我们装载了至少 6 吨，那么最多剩下 3 吨货物留给第 4 辆货车来运送。

3. 百分比、百分比、百分比

水果只剩 50 千克，这个答案乍一看是不是有点难以置信？最初的 100 千克水果中，包含 99% 的水以及 1% 的干重。因此干重为 1 千克。

由于太阳的照射，水的质量减少，但干重不变。

如果水分含量只剩98%，那么1千克的干重就应该占总质量的2%。如果1千克的占比是2%，那么50千克的占比就正好是100%。这就是正确答案。

4. 8 只兔子赛跑

这道题初看似乎令人生惧，毕竟可能有 8×7×6×5×4×3×2×1 = 40320 种不同的比赛结果。

但在仔细分析之后，我们很快就会弄明白：两次比赛就足够了，第 2 次比赛中的兔子到达终点的顺序必须与第 1 次的比赛结果正好相反。

5. 缺失的欧元去哪儿了？

这1欧元没有缺失。更确切地说，题中描述的计算方法是错误的、我们不能将2欧元的小费加到27欧元上。相反，还需从中减去这2欧元。这样就得到餐馆应收款的数额：27−2 = 25（欧元）。27欧元只能加上服务员退给3位客人的3欧元，于是正好是30欧元。

6. 充当零钱的蓝宝石和红宝石

你也许会认为，答案是70欧分。但事实并非如此。因为在收银台付款也意味着可以把宝石作为零钱找回，所以小于70欧分的金额也是有可能的。

最小可能的金额是10欧分。

要得到这个金额，你需要先付 3 颗红色宝石［3×70 = 210（欧分）］的价钱，并得到 2 颗蓝色宝石［2×100 = 200（欧分）］的找零。

7. 被切割的棱锥体

体积占比是 $\frac{1}{2}$！

我们从原正四面体中切割出了四个较小的正四面体。如果我们知道一个较小的正四面体的体积与原正四面体（边长是其两倍）的体积相比如何，就差不多能解答这个问题了。那么这个比例是多少呢？

大的正四面体与四个小四面体的形状、比例相同，因为它的边长正好是后者的两倍，而且所有的角度都相同。如果我们将一个三维物体的边长增加一倍并保持所有角度不变，那么这个物体的体积就会变大 8 倍。因为我们计算的是三维空间中的体积，因数 2 的三次方（$2×2×2 = 2^3 = 8$）为 8。

以下内容是对 8 倍的进一步解释：我们可以使用"体积 $V = c×$长$×$宽$×$高"这个公式来计算一个立体的体积，其中 c 是一个常数，取决于立体的确切形状。

如果我们将立体的尺寸在所有三个维度上都增加一倍，则得到体积 $= c×2×$长$×2×$宽$×2×$高 $= 8×c×$长$×$宽$×$高 $= 8V$。

因此，这四个较小的正四面体加起来的体积正好是原正四面体的一半。所以，通过切割四个顶点而产生的正八面体体积也是原正四面体的一半。

8. 一成不变的汤姆

还要读 18 页。

如果汤姆在 t 天读完了这本书，每天读 s 页，则有 $t \times s = 342$。因此自然数 t 和 s 必须是 342 的约数。

此外，我们还知道 t 至少为 8（汤姆在第 8 天仍在读此书），并且 s 至少为 20（汤姆在第二个星期日已经阅读了 20 页）。

如何求得 t 和 s 的数值呢？通过查看 342 的所有约数即可。它们是：

1、2、3、6、9、18、19、38、57、114、171、342。

我们可以立即看到，页数 s（至少 20！）只能是 38、57、114 或 171。然而根据题目，他至少需要 8 天的时间，所以又可以排除 57、114 和 171，否则汤姆会在 6 天、3 天甚至 2 天内读完他的书。

剩下唯一有可能的页数就是 38，其对应的天数是 9，因为 $38 \times 9 = 342$。这也就是 s 和 t 的正确解！所以如果汤姆在星期日已经阅读了 20 页的话，他还有 38-20 = 18 页要读。

9. 哪些彩票可以倒置？

240 张彩票。

只要数字组合中包含数字 1、2、3、4、5、7 中的任意一个，读取数字就没有问题。

反过来这就意味着：我们要挑拣出来的彩票号码只可以包含数字 0、6、8、9。也就是总共 $4 \times 4 \times 4 \times 4 = 4^4 = 256$ 张。

然而我们并不需要挑拣出所有 256 种组合。例如，8008 和 6009 可以保留在抽奖箱中，因为这两个彩票号码倒置来看也是一样的。相反，彩票号码 6006 就不能出现在抽奖箱中，因为它也可以被解读为 9009。

我们要找出所有即使倒置也不会有变化的数字组合。它们必须是旋转对称的——如 8008 和 6009。

首先我们只看位于第 2 位和第 3 位的数字。第 2 位数字必须与倒置的第 3 位数字一样。于是就有以下 4 种可能的组合：

0 0

6 9

8 8

9 6

这同样适用于第 1 位和第 4 位数字：第 1 位数字与倒置的第 4 位数字一样。同样也有 4 种不同的组合：

0 0

6 9

8 8

9 6

由此得出一共有 $4 \times 4 = 16$ 种组合，如下所示：

0000 0690 0880 0960

6009 6699 6889 6969

8008 8698 8888 8968

9006 9696 9886 9966

在总共 256 个数字组合中，存在 16 个即使倒置也能读取出唯一明确号码的数字组合，这 16 个数字组合可以留在抽奖箱中，因为将这些数字组合旋转 180 度也不会改变数字的顺序。所以需要挑拣出 256−16 = 240 张彩票。

10. 疯狂的时钟

11 次。

在从中午 12 点到下午 1 点的一个小时内，分针只会从"12"移动到"1"——相当于正常时钟的 5 分钟。与此相反的是，时针则走完了完整的一圈。从"1"到"11"，时针刚刚走过其中任一数字不久的一个瞬间，就是这个挂钟显示的一个实际存在的时间点：所显示的时间就是刚过 1 点、刚过 2 点、刚过 3 点，依次类推，直到刚过 11 点。在下午 1 点的时候，时针指向"12"，分针指向"1"——这实际上是不可能的情形。

11. 哪一块拼图零片是多余的？

你不需要零片 B。使用 A、C、D 和 E 就能很容易地拼出一个正方形。我们可以通过一些巧妙的尝试来解答此题。

所有零片都有弧形边，弧度有的向内，有的向外。很明显，在拼好的拼图中，向内凹的弧形边数量必须与向外凸的弧形边数量一致，才能完美地拼在一起。

我们现在来数一下每块拼图零片的弧形边数量。这些弧形是圆的一部分。如果它像左边拼图零片（见下图）一样向外凸起，我们记为 +1。如果像右边的拼图零片一样向内凹，我们就在该零片中标上 –1。

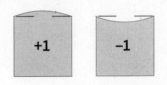

像这样，我们将这 5 块拼图零片都标记好。A 有两个凹进去的弧形边，我们记作 –2。B 有一个凸出的弧形边和一个凹进去的弧形边，那么总和就是 0。以此类推。

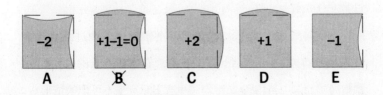

如果我们想要拼出一个正方形，那么所有 4 块拼图零片的弧形边总和必须为 0。又由于所有 5 块零片的总和为 0（–2＋0＋2＋1–1＝0），所以很明显 B 是多余的一部分。因为如果我们放弃另外一块不是 B 的拼图零片的话，那么所有的弧形边总和将不再为 0。

有多少种可能的解答方案呢？

D 和 E 都有 3 条直边，所以这两块必须相邻。因此就有两种不同的可能性（D 左 E 右，或者 D 右 E 左）。在这两种情况下，A 和 C 都只能以一种方式拼起来。所以这道题就有两种不同的解答！

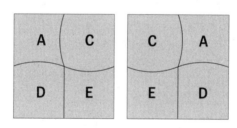

12. 公平分配 9 个酒桶

9 个桶，很明显每个兄弟都会得到 3 个桶。所有桶中总共有 1＋2＋3＋…＋9＝45 升酒。所以我们得知，每个兄弟都有权获得 15（45 的 $\frac{1}{3}$）升酒。

问题是，我们是否能够将这 9 个桶如此分配，使得每个人都恰好得到 15 升的酒。三个装得最满的酒桶里各有 7 升、8 升和 9 升的酒。每位兄弟都必须得到其中 1 桶。

如果一个兄弟获得其中两桶，那么他获得的酒就肯定超过15升了，因为 $7+8=15$，又由于每个兄弟都要得到三个桶，那么他就还会获得第三个桶，也就是说至少还有 1 升酒。我们假设如下：

兄弟 1 得到装有 9 升酒的桶——那么他还缺少两个桶共 6 升酒（$9 + 6 = 15$）。

兄弟 2 得到一个装有 8 升酒的桶和另外两个总共装有 7 升酒的桶（$8 + 7 = 15$）。

兄弟 3 得到装有 7 升酒的桶和另外两个总共装有 8 升酒的桶（$7 + 8 = 15$）。

我们还要做出选择的是分别装有 1、2、3、4、5 和 6 升酒的 6 个桶。拥有 7 号桶的兄弟 3 还需要 8 升的酒，这就有两种可能性：

2 升 + 6 升，或者 3 升 + 5 升。

由此可以推导出兄弟 2 和兄弟 1 的分配情况，总结在下表中：

	兄弟 1	兄弟 2	兄弟 3
分配 1	9 + 1 + 5	8 + 3 + 4	7 + 2 + 6
分配 2	9 + 2 + 4	8 + 1 + 6	7 + 3 + 5

所以无论如何都有让三兄弟满意的分配方案！

13. 缺少哪个数字？

诀窍就是把老师念的所有数字加起来。因为他每隔10秒钟说一次数字，所以我们应该能够毫无问题地把它记在脑里。

如果老师念出从 1 到 100 的所有数字，那么其和就是 $50 \times 101 = 5050$。因为他只给出了 99 个数字，所以和肯定会小一些。缺失的数字就很容易被计算出来：它就是 5050 与你脑子里计算出的 99 个数字之和的差。

顺便提一下，$50 \times 101 = 5050$ 这个算式出自著名数学家卡尔·弗里德里希·高斯，他在还是个 9 岁的学生时就用这个算式给老师留下了深刻的印象。他使用小诀窍将数字从 1 加到 100。高斯将这 100 个数字分成 50 对，并写成：$1 + 100$，$2 + 99$，$3 + 98$，$4 + 97$，…，$50 + 51$。就这样得出了 101×50 的算式。

14. 印错地方的兔子

裁剪成两块就够了。下面的草图展示了一个可能的解答方案。也许还有更多不同的解答方案，但原理始终相同。裁剪出一块点对称的部分，然后将其旋转 180 度再进行拼接。

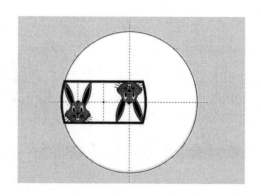

这道谜题是美国著名的国际象棋和谜题专家萨姆·劳埃德创造的一道题的变体。他的题目要将一面旗帜剪开并重新拼接在一起，使原本在角落里的大象正好在旗帜的中间。劳埃德把这道谜题称为"暹罗王的诀窍"。

15. 数字魔术

是的，这个魔术实际上适用于任意非 0 的数字 A、B。

ABABAB 也可以写成 $10101 \times 10 \times A + 10101 \times B = 10101 \times (10A + B)$。因为 10101 可以被 7 整除（$7 \times 1443 = 10101$），所以 ABABAB 也可以。

16. 如何拆分正方形?

n 为等于或大于 4 的任意偶自然数。

当 $n = 4$ 时，答案很简单——我们只需要将正方形平均分成四个正方形即可。但是当 n 大于 4 的时候我们又该怎么办呢？

下页图是当 $n = 12$ 时的解答方案。

我们将正方形的边长值除以 n 的一半，即除以 6，就得到在大正方形的左侧和上边边缘绘制的 11 个小正方形的边长值。连同 11 个正方形右下方的一个大正方形，总共就得到 12 个所需数量的正方形。

通用的解法如下：我们设 $n = 2k$，将正方形的边长 l 除

以 k，这样就得出了 $2k-1$ 个小正方形的边长值。这些小正方形一起在大正方形的边缘形成了两个宽度为 l/k 的矩形。然后还有剩下的这一个大正方形，如此一起形成了 $2k=n$ 个正方形。

17. 剪得好

确实有解法。但它不适用于经典的标准 A4 纸张。这张有四个角的纸必须呈凹形才有可能。这里的凹形指的是有一个内角大于180度，于是四角纸片呈现向内凹的形状。

下面的草图展示了两条剪裁线，使一张四角纸片变成了6张碎纸片。

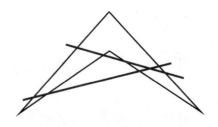

18. 硬币把戏

这道题有多种解法，这些解法背后的原理是一样的，你必须发挥你的创造力。

如果你把这10枚硬币分给不重叠放置的三个杯子，那么这道题就没有解了。因为三个奇数的和仍然是一个奇数。然而，硬币的总数是10——这是一个偶数。

这里的窍门在于，在一个杯子里放偶数个硬币，在另外两个杯子里各放奇数个硬币。例如分别放2个、3个和5个硬币。然后再把装有奇数个硬币的其中一个杯子——如装有3个硬币的杯子，放进装有2个硬币的杯子里面。那么下面的杯子里就有2＋3＝5枚硬币，所以也是奇数。

（当然，这个诀窍的前提条件是，这些杯子可以相互叠在一起。）

19. 在正方形草地上放牧

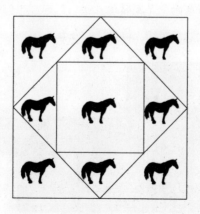

解答这道题并没有那么简单。将一个正方形旋转 45° 并使其每个顶点接触原正方形的边。另一个正方形位于这个正方形之内——请见上页图。

20. 房屋清洁行家

尼娜和马蒂亚斯需要 45 分钟完成清洁。

两个人同时开始清洁工作，随便做哪项都可以。例如：尼娜修剪草坪、马蒂亚斯吸尘。诀窍在于，两人之一，例如尼娜，在 15 分钟后中断工作，然后去露台上立即开始使用高压清洗机清洁地砖。马蒂亚斯则在给房屋吸尘 30 分钟后，接手尼娜尚未完成的草坪修剪工作。再过 15 分钟后，所有清洁工作都完成了——总共需要 45 分钟。

21. 整齐的蛋糕盘

能做到。我们可以将这块大蛋糕切成两部分，并使这两部分蛋糕能够拼成一个正方形。

沿着下面这条线切，将蛋糕一分为二。

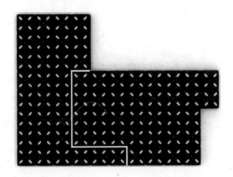

然后将右边的一块蛋糕顺时针旋转 90°，这样两部分蛋糕就可以毫无间隙地拼接成一个正方形。

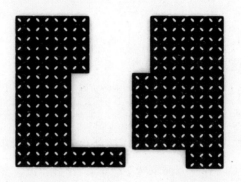

22. 完整的链条

解这道题的诀窍在于，将部分链条当找回的零钱使用。

徒步旅行者取下第三个链节。这样，这条银链就被分成了三个部分：

- 取下的链节长度为 1。
- 一条长度为 2 的链条。
- 一条长度为 4 的链条。

徒步旅行者使用取下的单个链节支付第 1 晚的费用。他用第 2 条长度为 2 的链条支付第 2 晚的费用——单个链节作为零钱找回给他。一天之后，他再用单个链节支付第 3 晚的费用。

在第四晚之前，徒步者将长度为 4 的链条交给店主，并得到之前的那条链条和一个链节（长度一共为 3）作为找回的零钱。

第 5 天、第 6 天和第 7 天再次用那条短链条和单个链节支付费用，类似于第 1 天到第 3 天。

23. 幻方

和总是 118。这是由方阵中数字的特殊选择和排列所得出的结果。

在每一行中，最小的数字在最右边。比这个数字大 1 的数字位于第 3 格（左起第三个数字）。比最右边数字大 3 的数字位于最左边，然后是大 5 的数字（右数第二个）等，依次类推。

4	7	2	13	6	1
18	21	16	(27)	20	15
15	18	13	24	17	12
21	24	19	30	23	18
24	27	22	33	26	21
27	30	25	36	29	24

总而言之：如果数字 *a* 在最右边，则这一行中有以下这些数字（从左边起）：

$a + 3, a + 6, a + 1, a + 12, a + 5, a$

这适用于每一行，只是每行里的 *a* 所代表的数字不同而已。

当按照前面所描述的步骤一次次地圈出一个数字并画掉其余的数字时，最后每一行和每一列都正好有一个被圈出的数字——总共就是 6 个数字。

这 6 个数字的和就是 a 所代表的 6 个不同值的和与 $3 + 6 + 1 + 12 + 5$ 的和。

由此可以清楚地说明，总和始终相同。从我们的示例中得出：

$(1 + 15 + 12 + 18 + 21 + 24) + (3 + 6 + 1 + 12 + 5)$

总和：$91 + 27 = 118$。

24. 谢丽尔的孩子多大了？

孩子们的年龄分别是 2 岁、2 岁和 9 岁。

这道题颇具迷惑性。我们知道三个孩子年龄的乘积是 36。此外，年龄之和与当前日期一致，但是我们又不知道日期。最后还有一条信息是三个孩子中最大的那一个喜欢喝草莓味的牛奶。我们该如何算出年龄呢？

就让我们从确切知道的信息开始：有 3 个孩子，他们的年龄的乘积是 36。那么总共有多少种不同的可能性？

我们可以设想，例如，1 岁、6 岁、6 岁，或者 1 岁、2 岁、18 岁。最好是将所有可能的组合写进一张表格里，并且在额外的一列中写上年龄的总和，因为它应与当前日期一致。

孩子	孩子	孩子	总和
1	1	36	38
1	2	18	21
1	3	12	16
1	4	9	14
1	6	6	13
2	2	9	13
2	3	6	11
3	3	4	10

我们可以看到：总共有 8 种可能的年龄组合。由于总和应该与日期一致（我们还不知道日期！），所以第 1 行的答案 1 岁、1 岁、36 岁被排除，因为日期只能使用从 1 到 31 的数字，38 太大了。

现在是需要逻辑思考的时候：年龄总和与当前日期一致，我们可以认为汤姆和谢丽尔都知道这个日期。但是由于汤姆说他缺少信息，所以日期只能是 13 号。因为对于所有其他可能的日期 10 号、11 号、14 号、16 号、21 号来说，都只有唯一一个答案。然而，13 号有两个答案——这就是汤姆说还缺少信息算不出来的原因。

谢丽尔补充说年龄最大的孩子喜欢喝草莓味的牛奶。那么剩下的这两个年龄组合哪个是正确的？那就只能是 2 岁、2 岁、

9 岁了，因为如果是 1 岁、6 岁、6 岁，那么就有两个年纪最大的孩子，而不是一个。

所以所求的答案是 2 岁、2 岁、9 岁。

不过，有人可能会质疑这个答案：毕竟即使有两个 6 岁的孩子，无论他们是双胞胎还是组合家庭中的兄弟姐妹，也会存在其中一个孩子更大的情况。但是在这里我们不想如此钻牛角尖。

25. 恋数癖三人组

玛丽亚的列表最长。

我们现在从她开始。她的列表中的四位数中没有 4。因此，最前面的千位上只能出现这 8 个数字：1、2、3、5、6、7、8、9。

在百位、十位和个位上，也就是后三位，可能出现这 9 个数字，即 0、1、2、3、5、6、7、8、9。

现在，我们可以很容易地计算出玛丽亚所写下的数字总数：$8 \times 9 \times 9 \times 9 = 5832$。

这让我们想起阿希姆的列表。四位数总共存在 9000 个（从 1000 到 9999），其中 5832 个数字不包含 4——请参考玛丽亚的数字列表。因此，有 3168 个四位数含有至少一个 4

（9000–5832）。所以，阿希姆的列表肯定比玛丽亚的短。

那么霍斯特这边又如何呢？总共 9000 个四位数（从 1000 到 9999）中，$\frac{1}{3}$ 个都能被 3 整除，所以霍斯特的列表正好有 3000 个数字。

综上，玛丽亚写下的数字最多。

26. 留给弟弟多少钱？

弟弟得到了 6 欧元。

这道题是数论中的典型问题。我们设 n 为玩偶的单价。那么 n 同时就是所售玩偶的个数，则销售收入为 $n \times n = n^2$。

我们可以从收益的分配中得出，n^2 除以 20 的余数在 10 到 20 之间。因为只有这样，大姐才会比妹妹多拿 10 欧元，同时剩下不到 10 欧元给小弟。

我们可以将 n 写作 $n = 10a + b$，其中 a、b 为整数，b 是一个个位数。那么这两姐妹的收入是

$$n^2 = (10a + b)^2$$
$$n^2 = 100a^2 + 20ab + b^2$$

因为 $100a^2$ 和 $20ab$ 都可以被 20 整除，所以只有 b^2 决定了 n^2 除以 20 的余数是多少。

此外，我们还知道 b 是一个个位数，所以只需要看当 b 为从 1 到 9 的哪个数字时，能使 b^2 除以 20 的余数大于 10 且小于 20。

只有 $b = 4$ 和 $b = 6$ 时适用。在这两种情况下，b^2 除以 20 的余数都是 16——所以小弟得到 6 欧元。

解答这道题的奇妙之处在于我们并不需要知道实际销售收入有多少。例如，它可以是 142 或者 3162。最重要的是 n 要以 4 或 6 结尾。这样我们就可以肯定地知道，获得的销售总额除以 20 所得到的余数为 16，即弟弟得到 6 欧元。

27. 犍牛、马和 1770 塔勒

有 3 种可能的答案。因此，马和犍牛各自的数量并不唯一。这些答案是：

9 匹马和 71 头犍牛

30 匹马和 40 头犍牛

51 匹马和 9 头犍牛

那我们如何找到这三个答案呢？

我们可以设 x 为马的数量，y 为犍牛的数量，将初始方程

$31x + 21y = 1770$

分多步骤改写，并在之后进行系统性的尝试。例如，x 必须要能被 3 整除，因为 21 和 1770 都能被 3 整除。

不少读者立即向我发来了很可能是最巧妙的解答——非常

感谢！这个解答方法只需要几行字就能阐释清楚。

动物们的总数量 $x + y$ 必须要能被 10 整除，因为 $31x + 21y = 1770$ 也能被 10 整除（而 $30x + 20y$ 肯定是 10 的倍数）。

如果只购买一种动物，1770 塔勒足够购买 57 匹马或 84 头犍牛（在这两种情况下都会剩下一些塔勒）。由此得出：动物的总数量只能是 60、70 或 80。所以我们只需要分别研究以下三种情况：

$x + y = 60$

$x + y = 70$

$x + y = 80$

我们将这三个方程移项，用 y 表示 x，然后将 x 各自代入初始方程 $31x + 21y = 1770$。

如此我们就得到了前面所说的 3 种答案：9 匹马和 71 头犍牛；30 匹马和 40 头犍牛；51 匹马和 9 头犍牛。

28. 青年旅舍的房型谜题

8 间三床房、3 间四床房、1 间五床房。

一位名叫曼弗雷德·普卡哈伯的读者向我提出了非常巧妙的解答方法。12 间房里，每间房都至少有 3 张床，总共就有至少 36 张床。那就还剩下 5 张床需要分配。

四床房至少有 2 间，五床房至少有 1 间，于是这五张床中的 4 张就已经有去处了。剩下的 1 张床只能放在三床房里，三床房就变成了四床房。于是就有 3 间四床房、1 间五床房和 8 间三床房。

29. 寻找八位数的超级号码

最小的数字是 10237896！

首先，我们要思考的是由哪 8 个数字组成我们要找的数。这个数能被 36 整除，因此它也能被 4 和 9 整除。如果一个数的横加数可以被 9 整除，那么这个数就能被 9 整除。

如果一个数由 0 到 9 这 10 个数字组成，那么它的横加数就是 $0 + 1 + \cdots + 9 = 45$。

45 能被 9 整除。但是，我们要找的是一个八位数——因此我们必须要去掉两个数字。

为了使这个八位数的横加数被 9 整除，我们可以去掉以下 5 对数字（它们的和都是 9！）：

0 和 9

1 和 8

2 和 7

3 和 6

4 和 5

为了使这个八位数尽可能地小，它的第一位数字应该是 1，第二位数字应该是 0，接下来就是 2 和 3。所以我们要去掉数字4和5。于是这个八位数就以1023开头，在此之后就是6、7、8、9这4位数字，但是它们应该怎么排序呢？

我们要找的八位数还要能被4整除，而只有最后两位数字组成一个能被4整除的数，才能满足此要求。如果从6、7、8、9中进行选择，则只能组成三个能被4整除的两位数：68、76和96。

当这个八位数以7896这四个数字结尾时，它才是最小的。这样我们就找到了这个八位数10237896！

30. 神奇的数字调换

刚好有两个解：142857和285714。这两个数字都满足题目的条件，因为142857×3 = 428571且285714×3 = 857142。

为了求得答案，我们要将这个六位数的原始数字分成两个数。设 a 是开头第一个数字，b 是去掉 a 之后得到的五位数。就有：

原始数字 = 100000a + b

将数字 a 移动到末尾而形成的第二个新数字也可以用 a 和 b 来表示：

第二个数 = 10b + a

现在我们建立方程：原始数字 ×3＝第二个数

$(100000a + b) \times 3 = 10b + a$

$300000a + 3b = 10b + a$

我们来简化方程式，将 a 放在方程的一边，b 放在方程的另一边：

$299999a = 7b$

299999 可以被 7 整除，我们就得到：

$42857a = b$

因为 b 是一个五位数，所以只有当 $a = 1$ 或 $a = 2$ 时等式才有可能成立。由此可得，b 是 42857 或 85714。

31. 恼人的 81

9、41、59 和 91 这四个数字满足所要求的条件。它们的平方分别是 81、1681、3481 和 8281。

有一个老诀窍有助于解答这道题——二项式定理。

$a^2 - b^2 = (a + b)(a - b)$

$n^2 - 81 = (n + 9)(n - 9)$

数字 n^2-81 要能被 100 整除，就必须得包含质因数 2 和 5 各两个，因为 $2 \times 2 \times 5 \times 5 = 4 \times 25 = 100$。所以这些质因数必须包含在 $(n + 9)$ 和 $(n-9)$ 中。

$(n + 9)$ 和 $(n-9)$ 这两个因数相差 18，18 是一个偶数。如果这两个因数之一是奇数，那么另一个也一定是奇数。

然而，这两个因数不能都是奇数，否则它们的乘积也会是奇数（而它们的乘积要能被100整除）。所以（$n+9$）和（$n-9$）都必须是偶数。

（$n+9$）和（$n-9$）这两个因数中的哪一个包含质因数5呢？质因数5不能同时在两者之中，因为如果这样的话，（$n+9$）和（$n-9$）就都可以被10整除了，但是它们的差却是18。

所以这两个因数之一必须是$2 \times 25 = 50$的倍数，另一个则必须是偶数。因为n小于100，所以得出以下答案：

$n - 9 = 0$

$n - 9 = 50$

$n + 9 = 50$

$n + 9 = 100$

由此可得：n为9、41、59和91。

32. 分数

忽略掉x、y、z的顺序，有三个不同的答案：

$\dfrac{1}{3} + \dfrac{1}{3} + \dfrac{1}{3}$

$\dfrac{1}{2} + \dfrac{1}{3} + \dfrac{1}{6}$

$\dfrac{1}{2} + \dfrac{1}{4} + \dfrac{1}{4}$

为什么没有其他的答案呢？如果我们仔细观察一下这个等式（$\frac{1}{x}+\frac{1}{y}+\frac{1}{z}=1$）很快就会发现：我们所求的数字中至少有一个要小于4。如果三个数字 x、y、z 都大于或等于4，那么 $\frac{1}{x}+\frac{1}{y}+\frac{1}{z}$ 最多是 $\frac{3}{4}$，这样就太小了。

假设 x 是我们要找的三个自然数中最小的一个。因为 x 小于4，所以 x 只可能是1、2、3。我们分别来看一下这三种情况：

a）$x = 1$

在这种情况下，$\frac{1}{x}+\frac{1}{y}+\frac{1}{z}$ 肯定会大于1，因为 $\frac{1}{1}$ 已经等于1了。因此这里就无解了。

b）$x = 2$

这种情况下，数字 y 和 z 都必须大于2，否则 $\frac{1}{x}+\frac{1}{y}+\frac{1}{z}$ 将大于1（因为 $\frac{1}{2}+\frac{1}{2}=1$）。假设 y 是第二小的数，即 y 大于或等于 z。设 $y=3$，有一个解：$z=6$，因为 $\frac{1}{2}+\frac{1}{3}+\frac{1}{6}=1$。

设 $y=4$，还有一个解：$z=4$，因为 $\frac{1}{2}+\frac{1}{4}+\frac{1}{4}=1$。

如果 y 大于4（这样的话 z 也会大于4），则不再有解，因为这样的话，$\frac{1}{y}+\frac{1}{z}$ 就小于或等于 $\frac{2}{5}$ 了。但是，$\frac{1}{y}+\frac{1}{z}$ 必须是 $\frac{1}{2}$，这样才能使等式 $\frac{1}{2}+\frac{1}{y}+\frac{1}{z}=1$ 成立。

c）$x = 3$

因为 y 和 z 至少要和 x 一样大，所以就只有一个解，即 y

$=3$ 且 $z=3$。若 y 和 z 这两个数字或者其中一个数字大于 3，则 $\frac{1}{x}+\frac{1}{y}+\frac{1}{z}$ 就小于 1 了，于是无解。

33. 两个未知数去相亲

有两个答案：（16，15）和（9，2）。

如果你想解一个有两个未知数的方程，你需要一两个诀窍。运气好的话，你就会突然间发现只需要解一个未知数，而不是两个。这样问题看起来就会变得友好多了。

回到题目：

$$x^3 - y^3 = 721$$

你还记得二项式公式 $x^2 - y^2 = (x-y) \times (x+y)$ 吗？$x^3 - y^3$ 也可以用类似的方法分解成两个因子。即

$$x^3 - y^3 = (x-y) \times (x^2 + xy + y^2)$$

如果你对这个等式表示怀疑，你可以通过计算 $x \times (x^2 + xy + y^2) - y \times (x^2 + xy + y^2)$ 来轻松地查验等式的正确性。然而这种变形有什么好处呢？新的方程式：

$$(x-y) \times (x^2 + xy + y^2) = 721$$

看起来比原来复杂多了！确实是这样，但它仍然对我们很有帮助。因为 x 和 y 是自然数，所以 $(x-y)$ 和 $(x^2 + xy + y^2)$ 这两个因子必定也是整数。所以只有将 721 分解成两个数

的乘积才有解，其中 $(x-y)$ 必定是两个因子中较小的一个。

我们如何因式分解 721 呢？用质因数。我们一眼就能看出 721 能被质数 7 整除，得到的商 103 也是质数。我们继续观察就会发现我们也可以把 721 分解成 1×721，那么就出现了下面两种情况：

$7 \times 103 = 721$

$1 \times 721 = 721$

$(x-y)$ 因此必须是 1 或 7；相应地，$(x^2 + xy + y^2)$ 要么是 721，要么是 103。我们现在必须来看看能否找到合适的自然数 x 和 y。

情况 1：$(x-y) = 1$

我们将 $x = y + 1$ 代入方程 $x^2 + xy + y^2 = 721$，得到：

$y^2 + 2y + 1 + y^2 + y + y^2 = 721$

$3(y^2 + y) = 720$

$y^2 + y - 240 = 0$

该方程的两个解分别是 $y = 15$ 和 $y = -16$。因为 y 是自然数，所以只有 $y = 15$ 是正解答。又因为 $x = y + 1$，就得到 $x = 16$。这样我们就求出了这道题的一个答案。

情况 2：$(x-y) = 7$

我们将 $x = y + 7$ 代入方程 $x^2 + xy + y^2 = 103$ 中，然后进

行类似情况 1 的计算，我们就能得到 $x = 9, y = 2$ 的唯一解。

所以方程 $x^3 - y^3 = 721$ 正好有两组自然数解：（16，15）和（9，2）。

34. 100 只猴子和 1600 个椰子

这道题得用抽屉原理来解答。我们将物品分别放入不同的抽屉里，就会显示出多了或少了一个或几个物品。这听起来相当抽象，我们可以用具体的例子来更好地理解这个原理。

解答这道题，我们只需要尝试证明相反的情况——分配 1600 个椰子时没有 4 只猴子获得相同数量的椰子。因此每个数量最多只可以出现 3 次。如果有数量出现超过了 3 次，我们就找到答案了。最后我们会看到 1600 个椰子不足以实现所需的分配结果。

首先我们将椰子分发给 99 只猴子。3 只猴子得不到椰子，后 3 只猴子各分得 1 个椰子，再后 3 只猴子各分得 2 个椰子，依次类推，直到最后 3 只猴子各分得 32 个椰子。于是这样就分配出去了 3×（0＋1＋2＋…＋32）＝1584 个椰子。这也是 99 只猴子满足题目条件后需要的最少的椰子总数。

将剩下的 1600−1584＝16 个椰子分给第 100 只猴子。那么它将不可避免地成为第 4 只拥有 16 个椰子的猴子。

由此，我们已经证明不存在最多 3 只猴子获得相同数量椰子的分配结果。

35. 谎言、真话和病毒

一个可能的问题是："你是生病了吗？"无论是否生病，无赖对这个问题的回答都会是"是"，而骑士则会回答"不是"。

针对所有四种可能的组合，以下表格列出了被询问的岛民的回答：

被询问者	理应回答	最终回答
健康的骑士	不是	不是
生病的骑士	是	不是
健康的无赖	不是	是
生病的无赖	是	是

36. 谁是小偷？

警官是对的。伯特是小偷。

亚当是骗子，因为诚实的岛民不是小偷，不会说出亚当所说的话。

虽然亚当是骗子，但他不可能是小偷，因为那不符合他的说法。由此可得出：要找出的小偷和诚实的岛民只能是伯特和克里斯。但他们之中谁是小偷呢？

伯特说"亚当是对的"，这绝对是谎言，正如我们已经知道的，亚当虽然是个骗子，但不是小偷。由此可见，伯特也是个骗子。所以克里斯是一个诚实的岛民，因为三个人之中至少有一个人总是说真话。

因为伯特是个骗子，亚当也是个骗子但不是小偷，所以伯特一定是我们要找出的小偷。

37. 已婚还是未婚？

这个女人是一个未婚的骗子。

她说的不是真话，因为那样的话她就不会说自己是骗子了，所以她一定在说谎。

如果她在说谎，那么她的陈述"我是一个已婚的骗子"就一定是谎言。这个说法只有在她未婚的情况下才是假的，而正因为她是个骗子，所以她是一个未婚的骗子。除了单身，也可能是离婚或者丧偶的状态。

38. 谁戴白帽子？

这道帽子谜题中有两个挑战：这三个男人之间不能相互交谈、戴白帽的人必须自己发现自己戴的是白帽子并向法官报告。

区分所有可能的情况通常有助于解答逻辑谜题。谁头上戴着白帽子？正好有 3 种可能性：

1）最后面的人戴着白帽子

最后面的人看到前面两个人都是灰色的帽子，那么他自己的帽子就一定是白色的。他就会呼喊："我戴着白帽子。"

2）中间的人戴着白帽子

最后面的人什么也没说，因为他可以看到前面的白帽子。中间的人看到他前面有一顶灰色的帽子，又由于他后面的人保持沉默，所以他可以推断出自己戴着白帽子。于是他向法官报告。

3）最前面的人戴着白帽子

后面两个人都可以看到最前面那个人的白帽子，从而都不会报告。因为后面两个人都保持沉默，所以最前面的人可以推断出自己戴着白帽子。于是他向法官报告。

39. 接下来是哪张图？

答案是图片 D。

每个小物件都在 3×3 格的正方形上移动，从一张图上的位置移动到另一张图上的位置。我们需要分析每个物件的移动轨迹以及其背后的规律。下图用箭头表示移动轨迹：

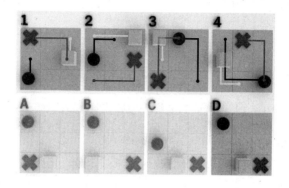

让我们从第一张图片左上角的"十"字开始。"十"字从一张图到另一张图的移动路线就是所谓的"马走日"。你应该知道国际象棋中的马在棋盘上的移动轨迹：向前走两小格，然后再朝旁边走一小格。我们也可以说成："十"字总是顺时针方向沿着 3×3 格正方形的边缘向前移动三步。所以它必须出现在第五张图片的右下角。

现在轮到白色的立方体：它也沿着边缘移动——但是按逆时针方向。立方体先是向前跳了一格，然后跳了两格，接着又是一格，之后从逻辑上讲它应该再跳两格。所以第五张图片中的立方体应该位于底行的中间格。

最后是深色的小球：它也按照顺时针方向沿着边缘移动。它先是向前跳了一格，然后跳了两格，接着三格，然后跳四格。在第五张图片中，小球应该停在左上角。

40. 全都是谎言？

第 2018 页是真话：

"这本书里正好有 2018 个谎言。"

剩下的 2018 页上的所有其他句子都是谎言。这本书里的每一句话都与其他每一页上的那句话相矛盾。因为一本书不能同时包含两个不同数量的谎言。所以，要么 2019 个句子都是谎言，要么最多有一个句子是真话。

情况 1

如果所有句子都是谎言，那么第 2019 页上的文字"这本书里正好有 2019 个谎言"就是正确的，那么这句话不是谎言。但这与所有 2019 个句子都是谎言的假设相矛盾，因此，假设不正确。

情况 2

于是还剩下一个可能性，那就是 2019 个句子中有一句是真话，也就是说 2018 个句子都是谎言。因此，在第 2018 页上存在真话，并且只在这一页。所以唯一真实的句子是：

"这本书里正好有 2018 个谎言。"

41. 聪明的静默修道士

天数正好与患病的人数完全一致。因此有 8 个修道士患病，那么最初就有 24 个修道士住在修道院里。

这是为什么呢？

每个修道士都可以看到除自己以外有多少个修道士的额头上有蓝点。凭借其敏锐的逻辑，就会发现自己是否被感染。

我们首先假设只有一个修道士被感染的情况。修道院院长讲话当天，所有没染病的人都看到了那一个额头上有点的病人。但是，他们一开始并不知道自己是否染病，于是可能存在第二个患者。

反过来，病人也看到其他修道士额头上都没有点，而他也知道至少有一个修道士病了，所以他可以推断出只有他一个人被感染了。因此，他吃完饭就直接离开了修道院，第二天起就再也没有出现。

下一种情况：已经有两个病人了。除了这两个病人之外，其他修道士都看见有两个人额头上出现蓝点。他们就会知道至少存在两个病人，最多有三个病人（如果他们自己也染病了的话）。

两个病人都只能看到对方额头上的点。两人都知道至少有一个病人——如果他们自己也染病了的话，那就是两个病人（当然他们还不知道）。

另一个病人在院长讲话后的第二天再次出现吃午饭时，两位病人都可以推断出他们自己也被感染了。如果只有另一人是唯一的感染者，那么他在院长讲话当天起就会知道自己已染病，并且早就离开了修道院——请见只有一个修道士被感染的情况。

如此，他们俩都很清楚，正好有两个病人。因此，他们一起离开了修道院。在院长讲话后的第二天，他们就不再去吃午餐了。

我们继续：三个修道士被感染的情况。除了患病的三人之外，在场所有人都看到了这三个额头上有蓝点的病人。他们可以推断出总共有三个或者最多四个感染者（自己也被感染）。

反过来，三个病人只能看到另两人额头上的点。在院长讲话后的第二天，这三人都进行了以下思考：如果我没有被感染，那么就只有两个病人，他们在院长讲话后的第一天就应该知道自己染病了，也不会出现在第二天的午餐时间——请见两个修道士被感染的情况。

但是因为他们还在，那就只能说明：我也生病了。所以有三位修道士染病——这三位修道士在演讲后的第三天离开并不再用餐。

这些推断也类似地适用于有 4、5、6、7 和 8 名感染者的情况。这就意味着：如果第 8 天有 $\frac{1}{3}$ 的修道士缺席，那么就是 8 个病人，所以总共有 24 个修道士。

42. 错误的道路？

"请问你是否属于认为左边道路通向城堡的部落？"

我们假设回答是"是"。

如果这个人说的是真话，那么左边这条路就是正确的道路。

与此相反，如果这个人在说谎，那么实际上他并不会说左边的路通往城堡，而会说是右边的路。如果他说右边的路是去城堡的路，那么左边这条才是真正通向城堡的道路，因为他说的是谎话。所以你可以从回答"是"中推断出来，左边的道路才是正确的答案。

现在我们看看另一种情况，如果他回答"不是"。

如果这个人说的是真话，那么右边的道路才是正确的。如果这个人在说谎，同样，右边的道路才是正确的路——与上文对左边道路的论证类似。

43. 真相大白

第三个人在说谎，另外两个人说的是真话。

当服务员提出问题时，说谎者和说真话的人都会给出相同的回答："我总是说真话。"从这方面来说，这个问题确实不是一个好问题。

尽管如此，我们还是可以弄清楚。虽然听不清第一个人说了什么，但第二个人把第一个人的话重复了一遍。第二个人的第一句话（"第一个人说他自己只说真话"）在任何情况下都是真实的陈述——无论第一个人是否说谎。因此，第二个人不可能是说谎者。由此推断出，第一个人也不是说谎者，那么第三个人才是。因为他称另外两个人都在说谎，这肯定是错误的。

44. 聪明的问题

魔术师从他的口袋里拿出了一副扑克牌，并从中抽出一张，他没有看到这张牌的正面，而是将这张牌的正面对着那位女士。

"这是一张 A 吗？"他问她。

他在听到回答后，就将牌翻过来，于是马上就可以得知这位女士有没有说谎。

45. 十字路口的圣诞老人

这道题的解题思路是，猫头鹰无论当前处于何种模式（说真话或谎话），它对同一个问题都会给出相同的回答。

第一个问题可以是："如果我的下一个问题是'这条直行的道路是进城的路吗？'，请问你会怎么回答？"

如果中间直行的道路是进城的道路，那么猫头鹰将会回答"不是"，无论它当前处于何种模式。为什么呢？如果它处于说谎模式，她就会在第二次回答时说真话——"是"。由此它要在第一次回答时说谎——"不是"。如果猫头鹰处于真话模式，那么它会对第二个问题给出错误的答案"不是"，并且对第一个问题也会给出这个答案，因为它这时说的是真话。

所以如果圣诞老人第一个问题得到的回答是"不是"，那么他就知道哪条是正确的进城道路了！

相反，如果回答"是"，则尚未找到正确的道路。因为还有两条可能进城的道路：右边道路和左边道路。

在这种情况下，圣诞老人可以问第二个问题："如果我的下一个问题是：'右边的道路是进城的路吗？'请问你会怎么回答？"

如果回答"不是"，那么右边的道路就是圣诞老人要找的路；如果回答"是"，那么就是左边的道路。

46. 三棱锥

棱锥的高度是 $\frac{1}{3}$。

我们可以用相对复杂的方式来计算高度，例如使用勾股定理。我们也可以采用一个小技巧，让解题变得容易许多。在此，棱锥的体积公式也可以帮助我们解题：

$$体积 = \frac{1}{3} \times 底面积 \times 高$$

本题棱锥的底面积等于整个正方形面积减去两个 $\frac{1}{4}$ 正方

形的面积和一个 $\frac{1}{8}$ 正方形的面积。因此就得到 $\frac{3}{8}$ 。我们不知道高，也不知道体积是多少。

　　但是如果我们把棱锥面积最小的侧面（右上方的浅色三角形）作为底面，我们就可以很容易地计算出体积。这个三角形的面积为 $\frac{1}{8}$ 。我们也知道以这个侧面当底面时棱锥的高度＝1，并且在折成棱锥之前，正方形的角都是 90°。因此，高就等于正方形的边长。所以棱锥的体积是 $\frac{1}{3} \times \frac{1}{8} \times 1 = \frac{1}{24}$ 。

　　现在我们可以很容易地计算出当棱锥面积最大的一面做底面时的高度＝$\frac{1}{3}$ ，因为只有这个高度成立时，棱锥的体积才会是 $\frac{1}{3} \times \frac{3}{8} \times \frac{1}{3} = \frac{1}{24}$ 。

47. 寻找理想物体

　　是的，存在一个可以穿过所有三个孔并在穿过时完全严丝合缝的物体。下图展示了此物体：一个宽度和高度一样的圆柱体，并且在两侧都进行了斜切。

48. 被缠绕的地球

正确的答案是 b）10 ~ 20 厘米。

如果不计算这个问题的话，我会选择小于 10 厘米。我的想法是，1 米平摊到 40000 千米，那么变化应该会很小。

但事实并非如此。我们使用公式 $U = 2 \times \pi \times r$ 来计算圆的周长。也就是说，如果将周长增加一定数量，则半径将增加大约该数量的 $\frac{1}{6}$。

在我们的这道题里，周长增加 1 米，因此半径就增加了 1 米除以 $2 \times \pi$，得到的结果是 15.9 厘米。

49. 5 行 10 棵树

能实现，这 10 棵树至少有一种几何排列能符合土地所有者的意愿。下页图展示了一种可能的解决方案。

这 10 棵树中的每一棵树都是不相同的两行 4 棵树的一部分。所以 10 棵树排成 5 行，每行 4 棵树是完全可能的。

该图形是一个五角星形，这个五角星形不是一个凹出而是一个凹进去的十边形。

在一个凸多边形中，它的所有内角都小于 180°。然而，在五角星形中，10 个角中只有 5 个满足这个条件。其他 5 个内角都大于 180°。

另外，这道题甚至有无数多种解法。只要你把树放在满足以下条件的 5 条直线的交点上：

1）没有一条直线与另一条直线平行。

2）一个交点上最多相交两条直线。

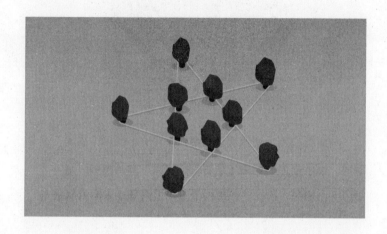

如果满足条件 1）和 2），则 5 条线中的每条线都与其他 4 条线的每条线相交。由此就有了 5 × 4/2 = 10 个交点。这 10 棵树就须得种在这 10 个交点上。非常感谢读者斯特凡·福伊希廷格尔（Stefan Feuchtinger）给我发送了这道问题的通用解法！

50. 里面的正方形有多大？

小正方形的面积正好是外面大正方形面积的一半。

我们不必进行复杂的面积计算就能得到答案。将小正方形旋转 45° 就够了，旋转中心与圆心一致。

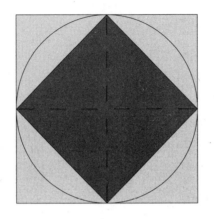

如此我们马上就能看出答案：小正方形由四个直角三角形组成。而大正方形则由 8 个这样的直角三角形组成。这 8 个三角形大小相等。因此，外面的正方形是内部正方形的两倍大。

51. 滚动的欧元

硬币内部的内芯实际上并没有滚出 *B1B2* 这段距离。至少不是以我们称为"滚动"的方式。虽然欧元硬币的内部也在旋转，但是要比所经过的距离需要的速度慢。

这个运动类似于一个圆盘，它在滚动的同时会发生"滑动"或者"被带动"。

我们将欧元硬币的中心想象成一个半径为零的圆，就可以清楚地理解这一点了。这个点并没有滚动，它只是"被带动"走了。

这是一道非常古老的谜题，也是亚里士多德著名的"轮子悖论"。

52. 比萨中的圆

$$R = \frac{1}{3}r \text{。}$$

当我们在扇形内多画几条线时，解答过程就不会太复杂了。将 60° 扇形分成两个 30° 扇形的线段的长度为 r。在下面的草图中，这条线段由一条长度为 s 的线段和一条长度为 R 的线段组成。

如图所示，R 是内圆的半径，s 是扇形顶点到内圆圆心的距离。所以 $r = s + R$。

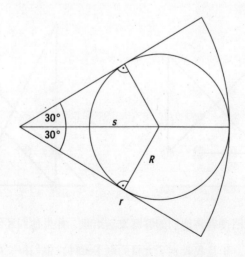

同时我们可以看出 s 是 R 的两倍长，因为 s 和 R 构成了一个直角三角形的斜边和直角边，这个直角三角形的内角分别为 30°、60° 和 90°。

在这样的一个三角形中，斜边就恰好是短的直角边的两倍长。因为我们可以沿着较长的直角边将这个三角形做镜像处理，就会得到一个内角都是 60° 的等边三角形。

所以就有：

$$s = r - R = 2R$$
由此可得：$R = \dfrac{1}{3}r$。

53. 一笔勾连 16 个点

我自己很快就找到了一个答案，并在网上搜索时看到了另外一个答案：

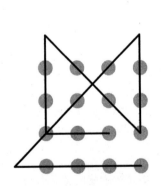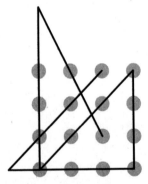

我邀请读者将他们的答案发送给我，如果他们还能找到更多的答案。于是我收到了大量的电子邮件！他们提交的答案的

数量多到让我惊讶，这些答案有对称的图形，也有不对称的图形。也许甚至还有更多的解法。

找出所有的答案，对数学家来说是一项有趣的任务——我暂时还没有找到有关这方面的科学出版物。

以下两种答案有着许多不同的变体，出现得特别频繁。这两种答案各自形成了一系列不同的多种解法，每种解法的起点和终点的选择都不相同。不过，它们始终位于此题规定的 6 条线上。

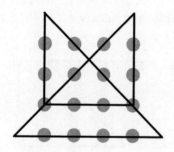 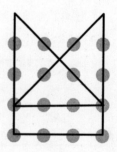

此外，左边这幅图也属于我前面所提出的解法之一的系列，只不过此处的线条是封闭的，就像"尼古拉斯的房子"游戏里画的一样。

我特别喜欢下页两个答案——当然是因为它们呈现出的美学性和对称性：

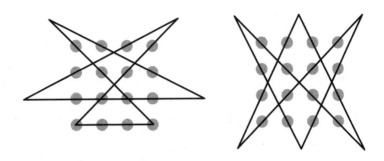

右图还有一个特点：16 个点中的每个点都只被一条线连接了一次。我提出的答案就不是这样的。

还有其他的答案，也是所有的点只被一条线连接了一次：

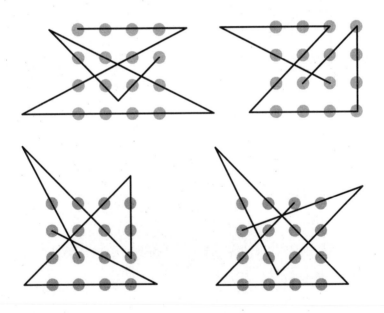

也还有其他许多答案，其中至少一个点被连接了不止一次：

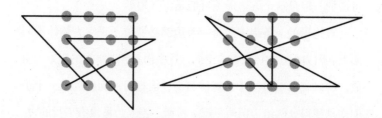

再次感谢向我发送答案的机智的读者们！

54. 被切割的正立方体

切割面的形状呈等边三角形和正六边形是没有问题的。正五边形与此相反是不可能的。

下面的图片向我们展示了如何切割成三角形和六边形，以及为什么切割不出五边形。

等边三角形：没有问题！我们在三个相邻的侧面上各自画一条线。这 3 条线位于同一个平面上并且长度相等。

正五边形：如果你巧妙地放置切割面，五边形的形状是有可能的。但是这个五边形不可能是正五边形。

五边形的 5 条边中的每一条边都必然位于正立方体的不同面上。因为正立方体只有 6 个面，这些面由 3 对平行的正方形组成，所以有两组边位于相对的面上，而相对的面因为被一个平面切割使得这两组边两两平行。然而，正五边形没有平行的边。

正六边形：切割这个图形没有难度。我们只要在正立方体的 6 条边上标记好中点，然后连接起来，使之产生交点。请见下图。

55. 被 6 个圆包围

面积为: $6 \times \sqrt{3} - 2 \times \pi \approx 4.11$。

当连接 6 个圆的中心时，我们会得到一个正六边形。中间被围住的面积正好等于正六边形的面积减去 6 个扇形的面积。

正六边形的面积等于边长为 2 的正三角形面积的 6 倍。一个这样的三角形的高为 $\sqrt{3}$，用勾股定理很容易就能计算出来。因此三角形的面积是 $2 \times \sqrt{3} / 2 = \sqrt{3}$，所以我们得到六边形的面积为 $6 \times \sqrt{3}$。

6 个扇形中的每一个扇形都是圆的面积的 $\frac{1}{3}$，所以我们必须总共减去两个圆的面积——$2 \times \pi$。

因此我们得到被包围的区域的面积:

$6 \times \sqrt{3} - 2 \times \pi$

56. 切割面

切割面呈正六边形且正中心的开口呈六角星形。这个六角星的 6 个顶点分别指向正六边形 6 条边的中心。

57. 桌子上的 100 枚硬币

苏珊在第一步中拿走了 2 枚硬币,这样的话桌子上还剩有 98 枚硬币,接着轮到米夏埃尔。如果苏珊按照以下步骤操作,那么现在她就有把握获胜。

从现在开始,她选择取走的硬币数量要使在两步后（1× 米夏埃尔,1× 苏珊）桌子上总是正好少了 7 枚硬币。

具体来说是怎么操作的呢?例如,如果米夏埃尔拿走 1 枚硬币,苏珊就要拿走 6 枚硬币。如果米夏埃尔拿走 2 枚,那么苏珊就要拿走 5 枚,以此类推,直到米夏埃尔拿走 6 枚硬币,苏珊拿走 1 枚硬币。

采用这个策略，任何硬币数量是 7 的倍数时，只要米夏埃尔先走第一步，苏珊就可以确保拿到最后一枚硬币。因为 98 = 7×14，所以桌子上有 100 枚硬币时她也能赢得游戏。

58. 落单的羊

下列表格展示了如何将所有动物安全地运过河。W 代表狼，S 代表羊，共需11步。

步骤	初始岸边	在船上	对岸岸边
1	SSS W	WW →	
2	SSS W	← W	W
3	SSS	WW →	W
4	SSS	← W	WW
5	S W	SS →	WW
6	S W	← S W	S W
7	WW	SS →	S W
8	WW	← W	SSS
9	W	WW →	SSS
10	W	← W	SSS W
11		WW →	SSS W

59. 逃跑的国王

国王可以避免被马吃掉。为此，他只需要注意马当前所在棋格的颜色即可。

马每次移动都会改变其所在棋格的颜色。如果它站在白色棋格上，那么在"马走日"之后必定会落在黑色棋格上，反之亦然。

国王始终可以移动一格到与马当前所站颜色相同的棋格上。

在接下来的一步中，马又必须跳到另一种颜色的棋盘格上，所以它无法到达国王的棋格。

60. 如何恰好得到 100 分？

他们三个说得都对！

我们可以通过巧妙的试错，为每个玩家找出合适的分数。也许你已经发现了 $2 \times 47 + 6$ 正好是 100，所以迈克绝对是对的。但是，尝试找出 6 次或 8 次投掷的分数可能需要更长的时间。所以最好能系统性地分析。

飞镖靶上的所有数字都以 6 或 7 结尾。为了使多次投掷的分数加起来为 100，所得分数的个位数的和必须是一个能被 10 整除的数字。

1×6 以 6 结尾，2×6 以 2 结尾，3×6 以 8 结尾，依次类推。1×7 以 7 结尾，2×7 以 4 结尾，3×7 以 1 结尾，依次类推。下页表格显示了 6 和 7 的倍数以哪些数字结尾——只有个位数才重要：

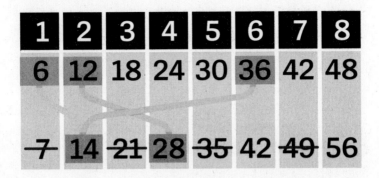

现在让我们看看有多少个以 6 结尾的数字和多少个以 7 结尾的数字加起来的和以 0 结尾。因此，我们要找出总和能被 10 整除的数字的所有组合。最终我们得到：

3 次投掷：1×6 + 2×7 = 20
6 次投掷：2×6 + 4×7 = 40
8 次投掷：6×6 + 2×7 = 50

还存在其他的组合，例如 3×6 + 6×7 = 60 或 5×6 = 30。然而，对于我们这道题来说，只有灰色标记的三个组合是有意义的，因为它们对应了迈克、克里斯蒂安和艾拉所给出的投掷次数。

我们仍然需要弄清楚，是否在这些情况下真的有可能获得 100 分——到目前为止，我们只知道总分数肯定可以被 10 整除。

事实上，三个玩家都是正确的，正如以下分数组合所示（顺便说一下，它们并不是唯一的答案）：

1）36 + 27 + 37 = 100

2）2×6 + 7 + 17 + 27 + 37 = 100

3）2×6 + 4×16 + 7 + 17 = 100

61. 你的帽子是什么颜色？

10 个囚犯中，肯定有 5 个会被释放。

为此，他们必须遵循以下事先商定好的策略：并排站着的 10 名囚犯分成 5 对，每对有一男一女。左边的前两个是第 1 对，接下来的两个是第 2 对，依次类推。

当每个人都戴上帽子后，每个人都只需要看搭档的帽子颜色即可。

然后，5 对中的男人都告诉监狱长他的搭档所戴的帽子的颜色。与之相反的是，女人则要说出与搭档的帽子颜色完全不同的颜色。如果搭档戴的是红色，那么她就要说成是蓝色，反之亦然。

按照这个策略，5 对中的每一对都可释放 1 人。为什么呢？每对中的两个人，要么戴的两顶帽子颜色相同，要么颜色不同。如果颜色相同，男人被释放。如果颜色不同，则女人被释放。

62. 哪个盒子，哪种酒？

最少 3 瓶。

只抽出 2 瓶酒是不够的，因为这样我们最多只能阐明一个盒子里面的内容，而不能阐明其他三个盒子。

我们从左到右将这四个盒子编号为1到4。首先，我们从标记为 WWR 的盒子2里抽出2瓶酒。

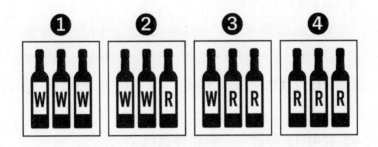

如果这2瓶酒都是白葡萄酒，那么这个盒子里一定有3瓶白葡萄酒（WWW）。因为盒子上贴有 WWR 标签，根据题目，这个标签是错误的，所以这个盒子里面不可能只有2瓶白葡萄酒。

接下来，我们从盒子3中抽取出1瓶酒，如果我们取出的是白葡萄酒，我们就能得知这个盒子里面的组合就是 WWR（不可能是 WRR，因为盒子上的标签就是这么写的）。于是盒子1里面是 RRR，盒子4里面是 WRR。我们就完成任务了！

但是，如果我们从盒子2中抽出2瓶白葡萄酒，然后从盒子3中抽出1瓶红葡萄酒，那我们还无法解答这个难题。因为盒子3里可能有两种组合：WWR 或 RRR。所以我们肯定需要3瓶以上的酒才能最终弄清真相。

还有另一种情况，我们只用 3 瓶酒就能解答：如果我们从盒子 2 中抽取 1 瓶红葡萄酒和 1 瓶白葡萄酒，那么这 1 盒就是 WRR。接下来我们取出盒子 4 中的 1 瓶酒，如果这瓶酒是红葡萄酒，那么这一盒就是 WWR（不可能是 RRR，因为盒子上的错误标签就是这么写的）。

类似地，在第一步中，我们还可以从盒子 3 中抽出 2 瓶酒。运气好的话，在从盒子 2 或盒子 1 中抽取第 3 瓶酒后，我们就知道所有 12 瓶酒的分布情况了。

63. 计时 15 分钟——两根导火线

首先是用两根导火线的答案：我们同时点燃一根导火线的两端和另一根导火线的一端。30 分钟之后，1 号导火线烧尽了。这时，我们点燃 2 号导火线尚未燃烧的另一端。

从此时起，2 号导火线如果只有一个燃烧点的话就还需要整整 30 分钟才能燃尽。但是由于另一端也被点燃了，两个燃烧点互相靠近，所以这根导火线燃尽正好需要 15 分钟。

理论上来说，只用一根导火线也可以计时 15 分钟。但是，你的操作速度必须要非常快。如果一直保持有 4 个燃烧点在燃烧的话，那么就可以让原本燃烧 60 分钟的导火线在 15 分钟后燃尽。

首先，我们将这根导火线的两端和大约在中间的一个位置点燃。中间的一团火焰就会分裂成两团火焰，向左和向右燃烧。这两团火焰朝着从两端而来的另外两团火焰移动。

当两团火焰相遇时，这段导火线就被烧尽了，这时你必须立即点燃另一段尚未烧尽的导火线中间的任意位置，从而保证仍然有 4 团继续燃烧的火焰。最后，导火线的总燃烧时间为 15 分钟。

不可否认，这个解答方案很难实施，因为你必须在越来越短的时间内点燃越来越短的导火线。但是这个方案原则上的确是行得通的。

64. 消除所有正方形

至少要移除 9 根火柴。

为了"摧毁"所有 16 个 1×1 格的正方形，我们至少需要拿走 8 根火柴。因为如果每根被移除的火柴恰好是两个 1×1 格的正方形的边（不是 4×4 格的边），那么移除 1 根这样的火柴就会"摧毁"掉两个 1×1 格的正方形，拿走 8 根火柴就会"摧毁"掉 8×2＝16 个 1×1 格的正方形。

但是 8 根火柴并不够，因为我们必须还要"摧毁" 4×4 格的大正方形。因此至少需要 9 根。问题是拿走 9 根火柴是否真的可行呢？

通过一些尝试，我们确实可以找到解答方案。例如下页图：

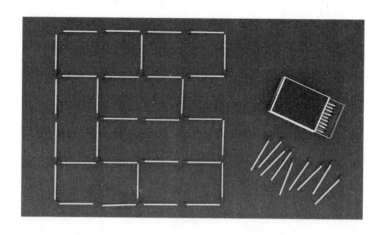

　　正如我所说：这道谜题的创意最初来自萨姆·劳埃德。后来，马丁·加德纳（Martin Gardner）在《科学美国人》杂志他的专栏里、海因里希·海默（Heinrich Hemme）在他的《101道数学谜题》（*101 mathematische Rätsel*）一书中都提到了这道谜题。

　　阿纳尼·列维京（Anany Levitin）和玛利亚·列维京（Maria Levitin）在合作的《算法谜题》（*Algorithmic Puzzles*）一书中还讨论了一般情况，即初始正方形由大小为 1×1 格的 $n \times n$ 个正方形组成。

65. 数学天才最喜欢的谜题

按照下文描述的策略，我需要 20 个晚上。

　　假设我每天晚上都放置 1 道新的栅栏，将被栅栏包围的沙漠区域一次次地减半。从第一个晚上开始，竖起 10 千米长的栅栏，这道栅栏正好将正方形的沙漠区域对半分开。

第二天白天，我查看狮子在哪一半区域。到了晚上，我就用下一道栅栏将这个区域平分为两半。这两天后，我就把狮子困在了一个边长是原正方形边长一半（5千米）的正方形中。

第三天早上，我再次查看狮子可能在这两个正方形中的哪一个里面驻留，并在这天晚上用下一道栅栏将这个正方形平分。在接下来的晚上，我再次平分，这样四个晚上后，我就将狮子困于一个边长为原始正方形边长四分之一（$\frac{1}{4}$）的正方形中。请见以下草图：

6个晚上后，边长为原始正方形边长的$\frac{1}{8}$，8个晚上后为$\frac{1}{16}$，最后，20个晚上后为原始正方形边长的$\frac{1}{1024}$。

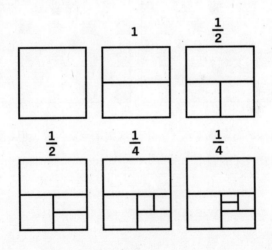

10千米除以1024约等于9.77米。这样我们就完成任务了，因为20个晚上之后狮子所处的正方形区域满足现在题目

所要求的边长不超过 10 米。

66. 暗号！

答案是 8。

密码是门卫所说数词的字母数量。

67. 棋盘与 5 个皇后

显然这道题有多个答案，以下为其中两个。左边的答案有着令人惊讶的对称性：

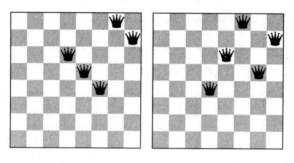

右边的答案也采取了一定的规则来确定位置，但我们得更仔细观察后才能看出。

我是如何找到这两个答案的呢？

假设 5 个皇后站在一个 5×5 格的大正方形中，每个皇后都站在不同的行和不同的列。这个 5×5 格的正方形位于棋盘的右上角。这样，除了左下角的 3×3 格的大正方形外，皇后向水平或者垂直方向移动的范围可以覆盖棋盘上的所有其他棋格。

然后 5 个皇后斜着走就能覆盖这个 3×3 格的正方形。我简单地画了一下从左下角到右上角的所有斜线，正好有 5 条斜线。

如果这 5 个皇后分别站在这 5 条斜线上，那么这 5 条斜线上的棋格就都被覆盖了，综上所述，棋盘上的所有棋格就都被覆盖了。

除此之外，读者还给我发了好几十种答案。其中有三位读者得出结论：总共可能有 4860 种不同的答案，他们各自都编写了计算机程序去求解。同时，他们都系统性地将 5 个皇后的所有位置在棋盘上进行了尝试，并（通过代码）逐一检验是否所有棋格都受到威胁。

5 个皇后站成一列，可能是最奇特的答案。但即使如此，所有棋格也都能被皇后覆盖——当然部分棋格需要皇后斜着走。

下面两个答案也很漂亮，四个皇后呈斜线站在棋盘上。

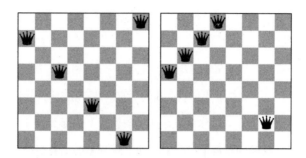

在收到的众多答案中，四个皇后为顶点形成了一个正方形，这个正方形相对于棋盘有些略微的旋转。此类答案举例如下：

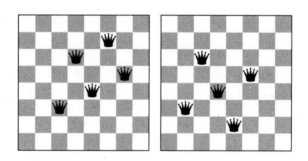

还有两个答案的对称性也令人惊叹：

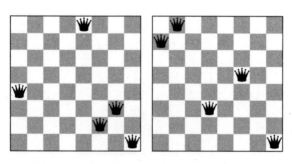

不过，也有不明显对称的答案：

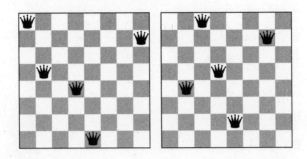

68. 邮局里的混乱

一共有 5 份账单寄往巴西和瑞典，3 份寄往新加坡，总计8 份账单。

我们先从巴西和瑞典开始。向这两个国家寄送的账单各自至少有 2 份，最多有 3 份。

最少数量 2 是最容易找出来的。如果只有一份账单，就不可能弄混淆了。所以必须至少有 2 份账单。

现在轮到最多数量。如果有 4 份或者更多的账单，把它们弄混淆、导致每封信都被寄到错误的地址，那么就会有 6 种以上的可能组合。以下列表显示了账单数量为 4 时的情况。如果"A，B，C，D"的顺序才是正确的，则可能有以下表示账单全都寄错的组合：

B，A，D，C

B, C, D, A

B, D, A, C

C, A, D, B

C, D, A, B

C, D, B, A

D, A, B, C

D, C, A, B

D, C, B, A

这里已经有 9 种不同的组合了，但总共应该只有 6 种。

由此可得：巴西和瑞典分别收到了 2 封或 3 封信——这些信的地址全错了。如果是 2 封信，就只有一种弄混淆的可能：不是 "A，B"，而是 "B，A"。3 封信则有两种可能：不是 "A，B，C"，而是 "B，C，A" 和 "C，A，B"。

寄往新加坡的账单不可能有 4 份或更多，并且其中一份实际上寄到了正确的地址。因为如果这样的话，也会产生总共有 6 种以上的可能组合。如果有 4 位收件人（A、B、C 或 D），其中一位收到了一封正确的信件，而其他三位没有，这样就有 8 种组合——这就太多了：

A, C, D, B

A, D, B, C

C, B, D, A

D, B, A, C

B, D, C, A

D, A, C, B

B, C, A, D

C, A, B, D

寄到新加坡的信件中，如果有 3 封信就有 3 种可能："A，C，B""C，B，A""B，A，C"。不可能有 2 封信寄到新加坡，因为如果一封寄对了，那么另一封也会寄对。另外，1 封信在理论上也是有可能的——结果就是只有这一封信寄达，不存在其他的信件。

题目里说一共有 6 种组合，那么 6 就是每个国家可能的组合数量的乘积。可能的因数（每个国家可能的组合）就是 1，2，3。为了得到 6，三个因数 1，2 和 3 就必须都出现一次。因数 3 仅适用于新加坡，那么因数 1 和 2 就必属于巴西和瑞典。

由此得出：瑞典和巴西有 2 + 3 = 5 份账单，新加坡有 3 份账单。一共 8 份账单。

69. 袜子彩票

答案是 18.2 年！

我们首先来计算一下如果我们将 10 只袜子从洗衣机中先后取出，这 10 只袜子被随机分类成对的概率。

取出第 1 只袜子后，滚筒里还剩 9 只袜子，但是只有其中一只袜子与已经取出来的袜子颜色相匹配。那么取出这只袜子的概率 p_1 就是 $\dfrac{1}{9}$。

取出 2 只袜子后，这 2 只挂在晾衣绳上的袜子颜色相同的概率是 $p_1 = \dfrac{1}{9}$，洗衣机里还剩 8 只袜子。我们取出第 3 只袜子并将它挂起来，剩下的 7 只袜子里只有一只袜子跟它颜色相同，随机取出这只袜子的概率 p_2 是 $\dfrac{1}{7}$。

因此，在取出 4 只袜子后，晾衣绳上依序挂着 2 双袜子的概率是：

$$p_1 \times p_2 = \frac{1}{9} \times \frac{1}{7} = \frac{1}{7 \times 9}$$

对于这种情况，我们必须要将各个概率相乘，因为这就是所谓的"条件概率"。

我们继续第 5 只袜子，将它取出来并挂在那 2 双袜子的旁边。第 6 只袜子与第 5 只袜子匹配的概率 p_3 就是 $\dfrac{1}{5}$，因为洗衣机中只剩下 5 只袜子。

因此，3 双袜子依次挂在一起的概率是：

$$p_1 \times p_2 \times p_3 = \frac{1}{9} \times \frac{1}{7} \times \frac{1}{5} = \frac{1}{5 \times 7 \times 9}$$

同理，我们来计算依次挂着 4 双袜子的概率：

$$p_1 \times p_2 \times p_3 \times p_4 = \frac{1}{9} \times \frac{1}{7} \times \frac{1}{5} \times \frac{1}{3} = \frac{1}{3 \times 5 \times 7 \times 9} = \frac{1}{945}$$

这个数就是所有 10 只袜子都被分类成对的概率，因为如果前 8 只袜子都已配成对，那么留在洗衣机中的最后 2 只袜子也只能是一对。

以上我们得出概率 $\frac{1}{945}$，那么哈拉尔德必须将他的 10 只袜子平均洗 945 次才有可能将它们成对地挂在晾衣绳上，于是我们得到 945/52 ≈ 18.2 年。

70. 掷骰子的运气

接近 15 次掷骰子。比你想象的次数多吗？此外确切的值是 14.7。

这道题与图片收藏问题相似。图片收藏问题是平均需要购买多少幅一个系列不同图案的图片，才能使这个收藏系列完整。

对此比较典型的例子就是大型足球比赛的贴纸收藏簿。2016 年欧洲足球锦标赛的贴纸收藏簿就有 680 种不同的图案。那些没有跟其他收藏家交换贴纸的人平均需要购买近 5000 张贴纸才能拥有每一种图案。

我们可以将骰子看作含有 6 个不同图案的图片系列。每次投掷都对应一个随机取出来的图案，并且我们希望每个图案都至少出现一次。通过图片收藏这种变形就可以很容易地计算出平均需要投掷多少次骰子。

第 1 次掷骰子得到一个我们还没有掷到过的点数的概率是 1。也就是说，我们只需要掷 1 次骰子就可以得到 6 个点数之一的点数。

在第 2 次掷骰子时，掷出与第 1 次点数不同的点数的概率是 $p = \dfrac{5}{6}$。于是我们平均需要掷 $\dfrac{1}{p} = \dfrac{6}{5}$ 次掷骰子，来获得两个不同的点数。

当我们已有两个不同的点数时，那么下一次掷骰子掷出没有出现过的四个点数之一的概率就是 $p = \dfrac{4}{6}$。为了掷得没出现过的点数，平均需要掷 $\dfrac{1}{p} = \dfrac{6}{4}$ 次骰子。

像这样继续下去：第四个点数平均需要掷 $\dfrac{6}{3}$ 次骰子，第五个点数需要 $\dfrac{6}{2}$ 次，最后一个还没出现过的点数需要掷 $\dfrac{6}{1}$ 次。

现在我们将这 6 个数字相加，就得到所有 6 个点数都至少出现一次所需要的平均掷骰子次数。答案就是

$$1 + \frac{6}{5} + \frac{6}{4} + \frac{6}{3} + \frac{6}{2} + \frac{6}{1} = 14.7。$$

71. 风衣轮盘赌

至少一名特工拿回他的风衣的概率是 $\dfrac{5}{8}$。

这道题我们需要进行间接计算，我们先计算出 4 件风衣都取错的概率 p。当我们知道 p 是多少后，$1-p$ 就是我们所求的概率值。

四个男人的风衣共有 $4! = 4 \times 3 \times 2 \times 1 = 24$ 种分配方式。在这 24 种分配方式中有哪几种，使得 4 件风衣都分配错呢？

我们将特工表示为 A1 到 A4，风衣表示为 M1 到 M4。如果 A1 拿到了错误的风衣，也就意味着他拿到的风衣是 M2，M3 或 M4。现在让我们仔细看看这些不同的情况：

A1 拿到 M2

那么 4 件风衣都拿错了的情况就可能有 3 种：

A2–M1，A3–M4，A4–M3

A2–M3，A3–M4，A4–M1

A2–M4，A3–M1，A4–M3

A1 拿到 M3

也有 3 种可能情况：

A2–M1，A3–M4，A4–M2

A2–M4，A3–M1，A4–M2

A2–M4，A3–M2，A4–M1

A1 拿到 M4

同样有 3 种可能情况：

A2–M1，A3–M2，A4–M3

A2–M3，A3–M1，A4–M2

A2–M3，A3–M2，A4–M1

所以总共有 $3 \times 3 = 9$ 种情况没有一个特工拿回自己的风衣。

$$p = \frac{9}{24} = \frac{3}{8}$$
$$1 - p = 1 - \frac{3}{8} = \frac{5}{8}$$

72. 骰子决斗

游戏是公平的。在一个骰子上，偶数点数（2, 4, 6）与奇数点数（1, 3, 5）出现的概率相同。

如果我们只关注偶数点数和奇数点数，那么掷两个骰子可能有 4 种不同的结果。同时我们注意到，当且仅当一个点数是偶数而另一个点数是奇数时，两个点数的和才会是奇数。

骰子 1 点数	骰子 2 点数	和
偶数	偶数	偶数
奇数	偶数	奇数
偶数	奇数	奇数
奇数	奇数	偶数

出现两个偶数、两个奇数、一奇一偶和一偶一奇这 4 种结果的概率相同。因此，总和是偶数和奇数的概率也相同。

73. 有多少个新火车站？

新火车站有两个。铁路网上原来有 8 个火车站，扩建后有 10 个。

我们通过巧妙的试验也可以找到答案。不过，这样的话可能不能确定题目文本所提的问题是否真的只有一个答案。

我是这样解答这道题的：设 n 为原来的火车站数量。因为铁路网扩建，增加了 k 个新火车站站点。在扩建之前，从 n 个火车站中的任一火车站到（$n-1$）个其他火车站中的任一个，有 $n \times (n-1)$ 种不同的火车票。

扩建之后，增加了 k 个火车站，就有（$n+k$）×（$n+k-1$）种不同的火车票。

（$n+k$）×（$n+k-1$）和 $n \times (n-1)$ 的差必须正好是 34。

$$34 = n^2 + 2nk + k^2 - n - k - (n^2 - n)$$
$$34 = k^2 + 2nk - k$$

我们把等式右边的 k 提出来，就得到：

$$34 = k \times (k + 2n - 1)$$

因为 n 和 k 都是自然数，所以 k 和（$k + 2n-1$）都是 34 的约数。数字 34 正好有四个约数：1、2、17 和 34。

现在我们将这四个约数分别代入 k，看看是否可以得出 n 的值。

当 $k = 1$ 时，$n = 17$。

当 $k = 2$ 时，$n = 8$。

当 $k = 17$ 和 $k = 34$ 时，n 没有正整数解。

这样我们就得到了两个答案。然而我们要排除 $k=1$，因为这样的话铁路网就只扩建了一个火车站，但题目里却说"增加多个火车站站点"。所以，铁路网最初有 8 个火车站，之后扩建增加了两个火车站。

74. 7 个小矮人，7 张床

概率是 $\frac{5}{12}$，也就是大约 42%。

最矮的小矮人有 $\frac{1}{6}$ 的概率躺在最高的小矮人床上。这样最高的小矮人就不可能睡在他自己的床上。

最矮的小矮人有 $\frac{5}{6}$ 的概率选中不是最高的小矮人的床。在这种情况下，最矮的小矮人的床和最高的小矮人的床这两张床在最开始都没有被占用。

最高的小矮人最后能否睡在他自己的床上取决于这两张床中的哪一张先被小矮人占用，而这个小矮人的床又被另一个小矮人占用了。

如果因自己的床位被占而去寻找其他床位的小矮人随机选择了最矮的小矮人的床，那么在他之后的所有小矮人都可以躺在自己的床上——包括最高的小矮人。

如果自己的床位被占的小矮人选择了最高的小矮人的床，那么最高的小矮人将睡不到自己的床。

如果自己的床位被占的小矮人既没有选择最矮的小矮人的

床，也没有选择最高的小矮人的床，这样就轮到下一个床位被占的小矮人继续选择床位。

无论是哪种情况：当最高的小矮人选择床睡觉时，要么就只剩最矮的小矮人的床，要么就只剩最高的小矮人的床（他自己的！）还没有被占用。因为小矮人总是在自己的床被占用时随机选择另一张未被占用的床，所以这两种情况的概率是相同的，都是 $\frac{1}{2}$。

因此，最高的小矮人睡在他自己床上的概率是 $\frac{1}{2} \times \frac{5}{6} = \frac{5}{12}$。

提示：本题与第93题（请见第201页）类似，在第93题中，一名男子没有登机牌就上了飞机。关键区别在于这位乘客随机选择坐的座位，也可能就是最初分配指定给他的座位。但小矮人则是随机选择另一个小矮人的床，绝对不是他自己的床。

75. 弯曲的硬币

诀窍就是连续抛硬币两次而不是只抛一次，然后再查看结果。队长必须事先决定他们是要赌头像—数字的顺序还是数字—头像的顺序。

因为连续抛掷的结果是相互独立的，所以头像—数字顺序和数字—头像顺序的概率相同。因此，这就是一个公平的随机决定，两位队长各有 50% 的获胜概率。

但是，这样抛掷硬币的话可能需要更长的时间。因为如果两次抛硬币都是同一面朝上的话（头像—头像或数字—数字），裁判也无法裁决，必须要再抛两次硬币。在极端情况下会重复很多很多次。不过硬币的其中一面几乎不朝上的概率应该不会太大，不然的话我们得等很长时间，才能等到它有一次朝上。

还有读者向我提出了另外两个答案，只需要抛一次硬币或者根本不需要抛硬币。裁判可以将两只手放在背后，然后将这枚硬币藏入他其中一只手里，接着再向两位队长展示他握紧拳头的两只手。两位队长谁选择了握有硬币的手，谁就获胜。

或者裁判可以抛掷这枚硬币，使这枚硬币在空中快速旋转，然后用双手接住，再将双手水平放置，移开上面的手。与此同时他站到两位队长的中间。硬币所指的方向，就是获胜者。我们可以假想从数字或者头像的底部边缘到顶部边缘有一个箭头的指示方向。

76. 拍照定名次

有可能，会存在这样的情况。

让我们来看看以下这 3 种不同的终点冲刺情况，它们满足题目的条件（路德维希、玛丽和奥菲莉亚的名字代号依次为L，M和O）：

LMO

MOL

OLM

以下适用：

L 在 M 前面两次，在 M 后面一次；

M 在 O 前面两次，在 O 后面一次；

O 在 L 前面两次，在 L 后面一次。

如果我们让这 3 次比赛结果各发生 10 次，就是 30 天的比赛结果，我们就得出了题目要找的情况。

还可能有总共 6 种终点冲刺情况：

LMO LOM

MOL MLO

OLM OML

各发生 4 次，那么在这 4×6＝24 天里，他们两两之间的所有排名都是相同的。如果在剩下的 6 天里，我们让前面提到的 3 种不同的终点冲刺情况：

LMO

MOL

OLM

各发生 2 次，同样满足题目的条件。

77. 数学家的选举

需要 6 轮。

我们给这 20 个候选人编号，比如以下分配就满足题目的要求：

1, 2, 3, 4, 5, 6, 7, 8, 9, 10

11, 12, 13, 14, 15, 16, 17, 18, 19, 20

1, 2, 3, 4, 5, 11, 12, 13, 14, 15

6, 7, 8, 9, 10, 16, 17, 18, 19, 20

1, 2, 3, 4, 5, 16, 17, 18, 19, 20

6, 7, 8, 9, 10, 11, 12, 13, 14, 15

另外，如下分配也可行：

1, 2, 3, 4, 5, 6, 7, 8, 9, 10

11, 12, 13, 14, 15, 16, 17, 18, 19, 20

1, 3, 5, 7, 9, 11, 13, 15, 17, 19

2, 4, 6, 8, 10, 12, 14, 16, 18, 20

1, 3, 5, 7, 9, 12, 14, 16, 18, 20

2, 4, 6, 8, 10, 11, 13, 15, 17, 19

这道题背后的思路是，将 20 人分成 4 组，每组 5 人，然后让这 4 组每组之间相互上台竞争。

为什么候选人的竞选不能少于 6 轮呢？这个比较容易证明。每个候选人必须至少参加 3 轮竞选，即至少上台 3 次。如果只有 2 轮，一名候选人最多只能与 $2 \times 9 = 18$ 名其他候选人一起上台。但是我们共有 19 位不同的其他候选人。因此，第 3 轮是不可避免的。

"至少 3 轮"适用于这 20 个人中的每一个人。如果我们将人数乘以他们上台的次数，我们得到至少要 $20 \times 3 = 60$ 次。因为每轮讨论只能有 10 个人上台，所以至少需要 6 轮才能达到 60（$6 \times 10 = 60$）次。如此就证明了候选人竞选不能少于6 轮。

前面两个例子表明，候选人竞选确实只需要 6 轮。所以 6 就是答案。

78. 舞蹈协会的年龄检查

答案是 14 对。

我们从第 1 份列表开始。迈尔夫妇前面正好有 6 对夫妻，男方都比他俩年轻，这 6 对在下页图中以浅灰色显示。在第 2 份列表中，夫妻按照女方年龄升序排列，那么前面所说的 6 对夫妻（来自按男性年龄排列的列表）在第 2 份列表里就都不能进入前 6 名。否则男女年龄加在一起就比迈尔夫妇的总年龄更小了。这样的话，迈尔夫妇就不可能在列表 3 里排首位。

所以在第 1 份列表中排名前 6 的 6 对浅色标注的夫妻必须要在第 2 份列表中位于迈尔和凯泽后面，即在第 8 名之后。由此可得，还有其他 6 对已婚夫妇排在第 2 份列表中的第 1 到第 6 位，图中我们用深色标注。

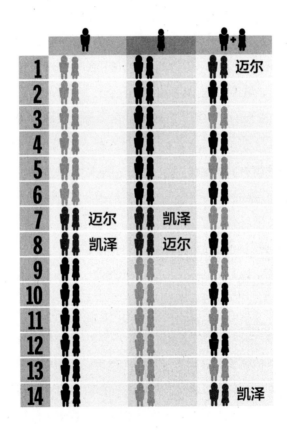

反过来，这些深色标注的夫妻只能出现在第 1 份列表的第 8 名之后，否则在第 3 份列表中至少会有一对夫妻排在迈尔夫妇之前。

如此我们就已知道这个协会至少有 14 对已婚夫妇会员。但是到底可以有多少对呢？15 对可以吗？

我们假设有第 15 对夫妇。那么这对夫妻中的男方在第 1 份列表中就不能排在迈尔夫妇和凯泽夫妇之前，否则他就排在第 7 和第 8 位了。

第 15 对夫妇的妻子也是如此。她在第 2 份列表中必须排在第 8 名之后，凯泽和迈尔夫妇才能留在第 7 位和第 8 位。

这样的话，第 15 对夫妇中的男方和女方都比迈尔和凯泽夫妇的男女方年龄更大。因此，第 15 对夫妇就会在年龄总和排名中（列表 3）排在凯泽夫妇之后。然而这是不可能的，因为凯泽夫妇在第 3 份列表里排最后。

因此不可能有第 15 对夫妇，正确答案就是 14 对。

如果你还怀疑以上所述情形的可能性，我们可以假设举例说明它的正确性：浅色夫妇中，男方 20 岁，女方 25 岁。深色夫妇中，女方 20 岁，男方 25 岁。迈尔先生 21 岁，他的妻子 23 岁。凯泽夫人 22 岁，她的丈夫 24 岁。

这样迈尔先生和凯泽夫人各占列表 1 和 2 的第 7 位，而他们的配偶各排在列表 2 和 1 的第 8 位。于是列表 3 的首位就是迈尔夫妇（21 + 23 = 44 岁），其次是总年龄为 20 + 25 = 45 岁的另外 12 对夫妇。末位是 22 + 24 = 46 岁的凯泽夫妇。

79. 什么时候放学？

提前了 40 分钟。

因为两个孩子朝梅尔父亲迎面走来，所以他没有开到学校，而是早一点在途中就掉头回村了。又因为梅尔的父亲提前了 20 分钟到家，所以他在往返路上各节省了 10 分钟。

在朱尔斯和梅尔上车的那一刻，梅尔的父亲本应该还要再开 10 分钟的车才能恰好在下课时到达学校。而且此时，两个孩子已经走了 30 分钟了。

所以课程提前了 10 + 30 = 40 分钟结束。

80. 魔镜啊魔镜

镜子的高度必须是王后和王冠总高的一半。下页这个草图有助于我们找到答案并回答附加问题。

如下页图所示，镜子在左边被画成一条深色的竖线。

王后可以从镜子里看到自己的鞋子，那就意味着鞋子被镜面反射出来的光线刚好射入她的眼睛。平面镜的反射有以下定律：光线的入射角与反射角相等。

因此鞋子的最低点、镜子的最低点和王后的眼睛构成了一个等腰三角形（为简单起见，我们假设鞋尖和眼睛正好在一条垂直线上）。

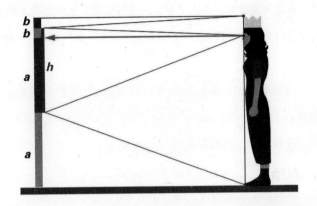

因此，镜子的底边距离地面的高度 a 必须是鞋底到眼睛垂直距离的一半。

为了让王后看到她的王冠顶部，镜子的顶部必须略高于她的眼睛。这段高度 b 恰好是眼睛与王冠顶点之间垂直距离的一半。

我们把 a 和 b 加在一起，就得到了镜子的高度：它必须至少是王后的一半高——包括鞋子和王冠。

因此，镜子需要悬挂在离地面 $a+h$ 高的位置。

另外，王后与镜子的距离不会影响镜子的最小高度，也不会影响镜子离地面的距离。这是因为无论王后离镜子多近，等腰三角形的顶点都在同一位置。

81. 岛屿巡游

当风在去程从前面吹和返程从后面吹时，总飞行时间会变长。这个答案可能会让一些人惊讶。人们可能凭直觉认为损失的时间和赢得的时间正好相互抵消，但其实并没有，如下文的计算所示。

为简单起见，我们假设飞行路程为 1，飞机速度为 a，风速为 x。

没有风时，根据公式

$$时间 = \frac{路程}{速度}$$

得出往返程的总飞行时间：

$$时间（无风）= \frac{1}{a} + \frac{1}{a}$$

有风时，去程的速度变小，即 $a-x$。与此相反的是回程的速度变大，即 $a+x$。因此，总飞行时间为：

$$时间（有风）= \frac{1}{a-x} + \frac{1}{a+x}$$

如果我们将这两个方程乘以因数 $k = a(a-x)(a+x)$，就得到：

$$k \times 时间（无风）= (a-x)(a+x) + (a-x)(a+x)$$

$$= 2a^2 - 2x^2$$

$$k \times 时间（有风）= a(a+x) + a(a-x)$$

$$= 2a^2$$

所以就有：

$k \times$ 时间（无风）$< k \times$ 时间（有风）

即：时间（无风）$<$ 时间（有风）

由此我们就已证明风会增加总飞行时间。

82. 一日徒步旅行

这个女子在 9 小时内徒步行走了 36 千米。

女子在上坡路段以 3 千米／时的速度行走，在下坡路段的速度达到 6 千米／时。因为这位女子每一段路都要往返共走两次，所以我们可以计算出这些上下坡路段的平均速度。

我们设 t 为上坡所需的时间，$\frac{t}{2}$ 为下坡所需的时间（女子下坡速度是上坡的两倍），则在 $t + \frac{t}{2}$ 时间内走过的路程为 t h $\times$ 3 km/h $+ \frac{t}{2}$ h $\times$ 6 km/h $= 6t$ km。

根据公式，速度＝路程÷时间，可以得出平均速度：

$$v = 6t \text{ km} \div \frac{3t}{2} \text{ h} = 4 \text{ km/h}$$

女子在平路上的速度也是 4 千米／时。由此可得：该女子在所有路段的平均速度是 4 千米／时。因为在路上她不间断地徒步了 9 个小时，所以她走了 $4 \times 9 = 36$ 千米。

83. 精准计时

我们来画一幅路程-速度图，不过这幅图会非常特殊。x 轴从 30 千米开始，到 120 千米结束。对于 x 轴上的每个点，

我们在 y 轴上标出在这个点之前的 30 千米路程的平均速度。

第一个值，是我们在 30 千米处可以计算出的 y 值。此处的 y 值是从 0 到 30 千米这段路程的平均速度。

图表中的最后一个值是 120 千米终点处的 y 值。此处的 y 值是从 90 千米到 120 千米这最后 30 千米路程的平均速度。

现在关键点来了：在图表中画出的每前一段 30 千米路程的平均速度是一个连续函数。这意味着：它是一条线，在图中没有向上或向下的垂直跳跃。

在此函数轨迹中可能存在 3 种情况：

从 30 到 120 千米的所有 x 值所对应的 y 值都超过了 30 千米 / 时。

从 30 到 120 千米的所有 x 值所对应的 y 值都低于 30 千米 / 时。

y 值一部分低于 30 千米 / 时，一部分高于 30 千米 / 时。

前两种情况是不可能的，因为如果这样的话，自行车赛车手将需要少于 4 个小时或超过 4 个小时的时间来完成她的行程。

所以只剩下第 3 种情况了。如果每前一段 30 千米路程的平均速度的函数不仅有高于还有低于 30 千米 / 时的标记，那么此函数中至少有一个点正好为 30 千米 / 时。

这个点位于两个对应的 x 值之间的任意位置，这两个对应的 x 值中，其中一个每前一段 30 千米路程的平均速度大于 30 千米 / 时，另一个小于 30 千米 / 时。连接 30 千米 / 时以上的点和 30 千米 / 时以下的点的线必须穿过 30 千米 / 时这条线。

84. 导航上的和谐

让我们以相反的顺序来看一下这段行程。汽车以仅 1 千米 / 时的速度缓慢行驶最后 1 千米。这位寻求和谐的司机需要 1 小时才能开完这 1 千米。距离终点 2 千米处的速度是 2 千米 / 时，因此倒数第二个 1 千米的距离所需行驶时间为 $\frac{1}{2}$ 个小时。倒数第三个 1 千米（3 千米 / 时）所需时间为 $\frac{1}{3}$ 个小时。倒数第四个 1 千米的距离需要 $\frac{1}{4}$ 个小时，依次类推，直到第一个 1 千米（100 千米 / 时）所需行驶时间为 $\frac{1}{100}$ 个小时。

我们可以看到，以小时为单位的行驶时间可以写成 100 个分数的总和：

$$时间 = 1 + \frac{1}{2} + \frac{1}{3} + \cdots + \frac{1}{99} + \frac{1}{100}$$

数学家称这些数字 "1, $\frac{1}{2}$, $\frac{1}{3}$, $\frac{1}{4}$…" 为调和数列。如果像上面计算行驶时间那样对这些数字求和，就会得到所谓的调和级数的部分和。

另外，没有计算此和的通用公式。任何擅长使用例如 Excel 等电子表格的人都可以很快地计算出答案：5.19 小时，大约 5 小时 11 分钟。

不过，调和级数的部分和还有一个近似公式，我们可以将数字 100 的自然对数与欧拉–马斯克若尼常数 0.57721 相加。

通过这个近似公式，得出的答案是 5.18 小时，与实际值非常接近。

85. 动物赛跑

领先 280 米。

当长颈鹿在 1000 米的位置时，大象刚跑了 800 米。因此，大象的奔跑速度是长颈鹿的 0.8 倍。长颈鹿的奔跑速度是马的 0.9 倍。

从以上两点可以得出：大象的速度是马的 $0.8 \times 0.9 = 0.72$ 倍。因此，当马到达终点（1000 米）时，大象位于 720 米处。马只领先了 280 米。

86. 铜还是铝？

我们可以让两个球同时从一个斜面滚下去，速度更快的球就是铝制的。

铜的密度大于铝，所以铜球比铝球的球壁更薄。虽然两个球的质量相同，但它们的质量分布不同。金属的质量分布位置平均离球心更远，因此铜球的转动惯量也更大。只要转动速度相同，让铜球转动比让铝球转动需要做更多的功。如果我们用相同的功使两个球运动，那么铝球会转得更快。

有一个生动形象的例子可以阐明这个效应，那就是花样滑冰中的回旋动作。花样滑冰运动员在旋转时不能改变他的质量，但是可以改变质量分布。他的胳膊和腿越接近旋转轴，就转得越快。

87. 辛勤的牧羊犬

路程为 241.42 米。

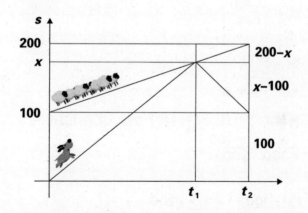

让我们来画一幅路程–时间图来描述牧羊犬和羊群的路径。羊群的最前面从 $s=100$ 开始，而亚历克索从 0 开始。在距离亚历克索的起始点 x 远的地方，并且在 t_1 这个时间点，牧羊犬到达羊群的最前面并掉头返回。

在时间点 t_2，牧羊犬到了标注为 100 米的地方，这也正是羊群最前面到达 200 米处的时刻。

羊群的速度用 v_S 表示，牧羊犬的速度用 v_H 表示。就有：

$$x = 100 + v_S \times t_1 = v_H \times t_1$$

由此可得：

$$\frac{v_H}{v_S} = \frac{x}{x-100}$$

在亚历克索到达羊群最前面并折返之后，我们来看看牧羊犬和羊群的运动。有：

$$v_S = \frac{200-x}{t_2-t_1}$$

$$v_H = \frac{x-100}{t_2-t_1}$$

$$\frac{v_H}{v_S} = \frac{x-100}{200-x}$$

现在我们可以联立 $\frac{v_H}{v_S}$ 的两个方程，从而计算出 x：

$$\frac{x}{x-100} = \frac{x-100}{200-x}$$

$$(x-100)^2 = x \times (200-x)$$

这是一个一元二次方程，并且只有一个正解，即：

$$x = 100 + \sqrt{5000} \approx 170.71 \text{ 米}$$

亚历克索跑过的总路程为 $x + x - 100$，即：

$$x + x - 100 = 100 + 2 \times \sqrt{5000} \approx 241.42 \text{ 米}$$

88. 太阳从东边落下

如果我们想看到太阳从东边落下，由于地球的自转，我们远离太阳的速度必须要比它在天边升起的速度快才行。宇宙飞船肯定可以做到这一点，飞机也可以。

例如，沿着大约40000千米长的赤道，从我们的角度来看，太阳以 40000/24 = 1670 千米 / 时的速度移动。因此，一架以超过 1670 千米 / 时的速度向西飞行的飞机会飞离太阳，并且在某个时刻，太阳必定会消失在东方的地平线之后。

不过普通的客机无法达到这样的速度，普通客机的速度只能达到大概 1000 千米 / 时。

这时我们需要一架超声速喷气式飞机，例如协和式飞机（2160 千米 / 时）或一架军用飞机，例如可以在 10 千米的高度以大约 2400 千米 / 时的速度飞行的龙卷风战斗轰炸机。

在远离赤道的地方，飞机还可以以更低的速度飞行来完成此事，因为太阳在此处 24 小时内照射过的路程更短。在柏林的纬度，与赤道平行的绕地球一圈的圆周长只有大概 25000 千米，这样的话，只要喷气式飞机的飞行速度高于 1040 千米 / 时就行。

还有另外一个比较不同的答案，同样需要一架飞机。如果飞机在日出不久后向西飞向跑道并且下降速度足够快，那么理论上也可以看到太阳从东边落下。

89. 完美平衡的旋转木马

如果只有 1 名或 23 名乘客乘坐，则旋转木马无法保持平衡。在 24 以内的所有其他数量，都是有可能平衡分布的。

很明显，1 名乘客是无法保持平衡的。当然 23 名也不行，因为这样一来会有一个空着的座位。

总的来说，如果存在 n 个乘客均匀分布，那么 $24-n$ 个乘客也可以均匀分布。从这一点我们可以得出：我们让 n 个乘客从一个完全被坐满（因此平衡）的旋转木马上下来，并且这 n 名乘客所坐的位置均匀分布。

除此之外还有：如果这 24 个座位有两种不同的平衡乘客分布，则这两种乘客分布的叠加也是平衡的。当然前提是没有座位被重复占用。

我们现在利用以上几点来证明，2 到 22 名乘客均衡分布是可能的。下页图片展示了如何分布：

对于所有偶数个乘客，我们很容易就能找到一个通用的解法：总是将两个人成对地放置在旋转木马的座位上，让他们坐在彼此的正对面，这样的安排就可以保持平衡，因此两对乘客（4 名）叠加也是平衡的。

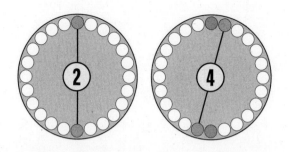

　　像这样成对放置6、8、10或12名乘客都能成功。只要乘客人数是偶数且小于25，更多数量的乘客都可行。

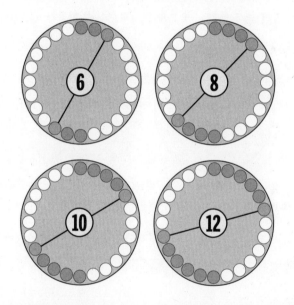

　　奇数个乘客要稍微难一点。我们通过将3名乘客放置成等边三角形来解决这个问题。如果有5名乘客，就在3名乘客的基础上加上另外2名乘客，让这2名乘客正好坐在彼此的正对面。

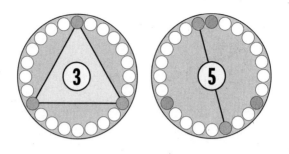

如果有 7 名乘客，就再增加另一对坐在彼此正对面的乘客。若有 9 名乘客，我们需要 3 个三人组，将每个三人组安排成一个等边三角形，并使每个三角形彼此相差一个座位。

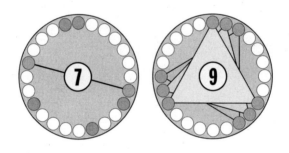

再增加两个人，就再让他们坐在彼此的正对面，从而得到 11 个人的平衡分布。13 名乘客也可以像这样分布，请见下页图。

为了证明从 3 到 21 的所有奇数都能平衡分布，其实完全没有必要绘制 13 人的图，因为如果 3、5、7、9 和 11 人可以平衡，那么 24 - 3、24 - 5、24 - 7、24 - 9 和 24 - 11，即 13、15、17、19 和 21 人的分布也能保持平衡。

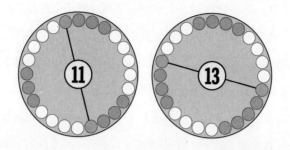

平衡旋转木马的问题乍一看似乎只是我们人为构思设计的，但它其实具有实际意义，例如实验室里装配的用来分离样品的离心机。离心机应始终保持平衡，以免造成损失。

90. 1 枚硬币，连续 3 次

玛雅选择"头像—数字—数字"的序列时会以 $\frac{7}{8}$ 的概率赢得这个游戏。只有当前 3 次抛硬币都是数字面朝上时，她才会输，这个概率是 $\left(\frac{1}{2}\right)^3 = \frac{1}{8}$。

如果两人反复抛硬币并记录结果，那么硬币的头像面和数字面就会产生一个序列，例如抛 5 次的序列：头像—数字—头像—头像—数字。抛硬币的序列理论上是可以无限的，我们现在要从整个序列中找出第一次出现"数字—数字—数字"这个序列的位置。

如果在一开始就出现了"数字—数字—数字"这个序列，马克斯就赢了。这个概率等于连续 3 次数字面朝上的概率，即 $\left(\frac{1}{2}\right)^3 = \frac{1}{8}$。

但是，第一次出现 3 个数字的序列通常不会在整个序列的开头，而是在更靠后的位置。我们先来查看第一次出现的"数字—数字—数字"这个序列，这个序列的前一次抛硬币结果肯定是头像面，所以玛雅要选择"头像—数字—数字"。

因为如果 3 个数字之前还有 1 个数字，我们就根本没有选中最先出现的"数字—数字—数字"序列，因为在它之前还有 1 个数字。这样的话就存在一个 4 个数字的序列，这个 4 个数字序列从 3 个数字序列的前一次抛掷开始。因此从 3 个数字序列的前一次抛掷开始还存在一个 3 个数字序列。

但是这是不可能的，因为我们选中的是首次出现 3 个数字的序列。

这意味着要么整个序列以 3 个数字开头，则马克斯获胜；要么 3 个数字序列第一次出现在整个序列的后面位置，这样在整个序列之中，3 个数字序列之前的位置必然会出现头像。

从这个位置开始的序列就是"头像—数字—数字—数字"，如此无论如何，玛雅都会获胜。因为她的序列是"头像—数字—数字"。

一开始就出现 3 个数字的概率是 $\frac{1}{8}$。因此玛雅获胜的概率就是：

$$1 - \frac{1}{8} = \frac{7}{8}。$$

此外，在许多情况下，玛雅赢得比赛的速度比上述描述的还要快，因为她的序列通常在整个序列中出现得更早。我们只需要在整个序列中找出第一次出现的"数字—数字"序列即可。

除非硬币序列以"数字—数字"开始，否则在"数字—数字"序列之前的一次抛硬币结果一定是头像。

91. 恼人的铅笔

我们可以将 6 支铅笔放置成两层，每层 3 支。重要的是，同一个平面中的 3 支铅笔都要互相接触，请见下图。

可能难以想象，但 7 支铅笔确实也有解法。

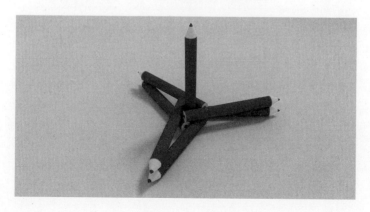

1支铅笔垂直站立，其余6支铅笔分成两层，每层3支，围绕在竖立着的铅笔周围。此外，如果我们把中间的这支铅笔拿掉，也是6支铅笔的解法。

当本谜题的设计者马丁·加德纳（Martin Gardner）向他的读者呈现这道难题时，他并不知道还有7支铅笔的解法，但是聪慧的读者提醒了他。

92. 公主在哪里？

公主在岛上，但是国王没有见过她。

我们需要逐一研究各种可能的情况，找出哪些是可以考虑的。正好有三种可能的情况：

a）公主在岛上，国王见过她。

b）公主在岛上，国王没有见过她。

c）公主不在岛上，国王没有见过她。

对于这三种情况，我们来看看说谎者（L）和总是说真话的人（W）将如何回答问题1）和2）。

a）公主在岛上，国王见过她。

L：不是，不是。

W：是，是。

b）公主在岛上，国王没有见过她。

L：不是，是。

W：是，不是。

c）公主不在岛上，国王没有见过她。

L：是，是。

W：不是，不是。

显然国王既没有回答"是，是"，也没有回答"不是，不是"，因为如果是这两种答案的话，那么情况a）和c）都是有可能的，这样就不清楚公主是否在岛上了。王子就无法从回答中推断出事实真相。

反之，国王回答"不是，是"和"是，不是"，公主就一定在岛上，因为只有在情况b）中才有可能出现这两种回答。又因为王子根据两个回答得知了真相，所以只有b）情况才是正确的。

93. 丢失登机牌的乘客

所求概率是 $\frac{1}{2}$ 或 50%。

为了更好地理解这个问题，我们可以设想一下重新安排飞机上的座位，最前面的男子（没有登机牌）本应坐在1号座位上。第二位乘客坐2号座位，第三位乘客坐3号，以此类推，直到第100名乘客，其登机牌对应100号座位。如果队伍里排在最前面的男子从 100 个座位中随机选择一个座位，会发生什么情况？

他可能会随机选择本应该坐的第一个座位。在这种情况下就不会有任何问题了。接下来的所有 99 名乘客都可以坐在正确的座位上，包括第 100 号乘客。

然而，没有登机牌的男子也可能以同样的概率坐在第 100 号座位上。在这种情况下，很明显队伍中的最后一名乘客将无法坐在登机牌指定的座位上。

但这还不是全部的可能情况。该男子还可以坐在从 2 到 99 号的任意一个座位上。我们假设该男子选择了 51 号座位，那么 2 到 50 号乘客可以先在正确的座位坐下。但是 51 号乘客就不得不另寻座位了，因为 51 号座位已经被没有登机牌的男子占了。

51 号乘客的座位选择与排在队伍最前面的男子——1 号乘客相似。他以相同的概率可能会坐到 1 号或者 100 号座位上。在第一种情况下，他之后的所有乘客都可以坐到正确的位子上（包括 100 号乘客）；在第二种情况下，100 号乘客的座位就被占了。

或者，51 号乘客选择从 52 到 99 号的座位之一。那么他就将坐在队伍中位于他后面的其中一名乘客的座位上。然后这位乘客就必须为自己再找个座位——和之前的 1 号乘客和 51 号乘客一样。

这些推测表明，这道题最终只是 1 号和 100 号座位是否被占的问题。一旦乘客随机选择了这两个座位的其中一个，这件事的结局就注定了。如果选择 1 号座位，则 100 号乘客就能正确地坐到自己的位子上。如果选择 100 号座位，则 100 号乘客无法坐到自己的座位上。在登机期间有多少乘客坐在不属于他们自己的座位上是完全无关紧要的——只要不牵扯到 1 号和 100 号座位。

当 100 号乘客登机时会是什么样的情形呢？那时就只有两种选择：1 号座位或者 100 号座位空着。在 2 到 99 号座位上，要么坐着持有此座位对应登机牌的乘客，要么坐着另一名自己座位被他人占用的乘客。

因为乘客们在选择座位时并没有偏爱 1 号和 100 号，而是都进行随机选择，所以 1 号和 100 号座位仍然空着的概率各自都是 50%。

提示：本题与第 74 题（请见第 176 页）类似，在第 74 题里，是一个小矮人寻找一张空床。与飞机乘客这道问题的关键区别是这个小矮人随机选择另一个小矮人的床，绝对不能是他自己的床。与此相反的是，没有登机牌的乘客坐在他随机选择的座位上，也有可能是分配给他的座位。

94. 失踪的冒险家在哪里？

他在距离南极点几千米远的地方。我们不知道冒险家的确切位置，他可能在距南极点 5.0 ~ 5.8 千米远的任何地方。

解释：冒险家先向南走了 5 千米，然后围绕着南极点转了一个周长 5 千米的圈。这个圆圈的半径为 $5 / 2 \times \pi = 0.8$ 千米。

失踪的冒险家走完一整圈，也就是向西走了 5 千米后正好回到他之前开始向西出发的地方。然后当他再向北走 5 千米时，他就会回到原来的起点——请见下图：

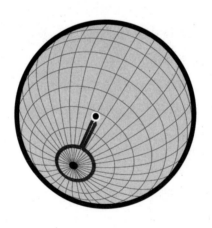

不过这个圆还可以更小一点，甚至可以任意小。重要的是，这个圆的周长的整数倍恰好是 5 千米。

例如：当圆的半径仅为上述值的十分之一，即 0.08 千米时，冒险家也可以沿着这个圆向西走 5 千米，相当于正好绕南极点 10 圈。

95. 奇妙的 4

平方数的末尾最多有 3 个 4。4 个数字 4 或者更多的数量是不可能的。

我们如何证明一个平方数的末尾最多有 3 个 4？不同的方法有很多。我是这样证明的：我先观察起始数必须以哪些数字结尾，才能使它的平方数以 4、44、444 等结尾。若平方数的最后两位数字是 44，则起始数的最后两位数是 12、62、38 或 88。

如果平方数的最后三位数字是 444，则起始数一定是以 462、962、038 或 538 结尾。然而，寻找末尾有 4 个 4 的平方数却一直没有成功。

我们可以使用二项式公式 $(x+y)^2 = x^2 + 2xy + y^2$ 来证明，如果 b 是 462、962、038 或 538 这四个数之一，虽然平方数 $(1000a + b)^2 = 1000000a^2 + 1000 \times 2ab + b^2$ 以 3 个 4 结尾，但是却没有自然数 a 和 b，使平方数以 4444 结尾。对此，我们需要逐一查验可能是 b 的这四个数，可惜有点麻烦。

不过，还有明显更巧妙的证明方法，只需要少数几行字。例如，读者马丁·努尼曼（Martin Nunnemann）提出的以下意见：

$38 \times 38 = 1444$——所以存在以 444 结尾的平方数。

那么存不存在以 4444 结尾的平方数呢？这种平方数一定是一个偶数的平方。偶数 g 可以如下表示：

$g = 4i$ 或 $g = 4i + 2$（$i = 0$，1，2，3…）

那么其平方数就是：

$(4i)^2 = 16i^2$ 或 $(4i + 2)^2 = 16i^2 + 16i + 4$

将这两个平方数除以 16 就得到余数 0 或余数 4。因为 $10000 = 625 \times 16$，所以只有一个数的最后四位数字决定了这个数除以 16 时剩下的余数。

4444 除以 16 得到的余数是 12。但是，如上所示，偶数的平方数的余数为 0 或 4。所以没有以 4444 结尾的平方数。

96. 三角标靶

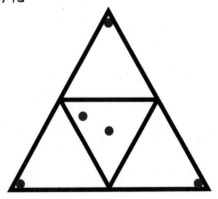

我们可以使用抽屉原理来解答。我们将边长为 10 厘米的等边三角形分成 4 个边长各为 5 厘米的等边三角形，请见上页图。

因为共有 5 个命中点分布在 4 个三角形上，所以其中一个三角形必定至少被命中 2 次。由于在一个三角形表面上的两个点最多相距 5 厘米（边长为 5 厘米！），我们就找到了要求的两个命中点。

97. 同名同姓的孩子

我们先来看看黑板上写的数字意味着什么。黑板上肯定有一个 10，这就意味着一个学生有 10 个名或姓相同的同学，所以总共有 11 个学生具有该名或姓。这 11 个学生每人都会在黑板上写上一个 10，所以无论如何都有 11 个 10。

同理可得：数字 9 一定在黑板上出现了 10 次，因为有 10 个学生写下了 9。

8 出现 9 次，7 至少出现 8 次，依次类推，直到 1 在黑板上至少出现 2 次，最后 0 至少出现 1 次。

因此在黑板上至少有：

$11 + 10 + 9 + 8 + \cdots + 2 + 1 = 11 \times \dfrac{12}{2} = 66$ 个数字。

又因为已知黑板上正好有 66 个数字（只有 33 个学生），所以我们就已经知晓这 66 个数字了：黑板上恰好有 1 个 0，2

个 1，3 个 2，依次类推到 11 个 10。

但是，我们不知道这 11 个相同的名字是名还是姓。这两者都是有可能的，并且从 1 到 11 的所有数量都是这种情况。

我们假设，在 11 个不同的数量（从 1 到 11）中，有 n 个名和 $11-n$ 个姓。那么班上就有 n 个不同的名和 $11-n$ 个不同的姓。

因此，可能有 $n \times (11-n)$ 种不同的名和姓的组合。因为 n 介于 0 和 11 之间，所以乘积的最大值为 30（$n=5$ 或 $n=6$）。

但是因为班里有 33 个学生，所以至少有 3 个名和姓都相同的学生。

98. 兄弟姐妹问题

玛蒂娜有两个儿子的概率是 $\frac{1}{3}$。令人惊讶的是，斯蒂芬妮却是不同的答案：$\frac{13}{27}$。

首先是对玛蒂娜的阐述：有人可能会认为概率是 $\frac{1}{2}$。如果我们假设知道年长的孩子是男孩的话，那么这个概率就是正确的。年幼的孩子各有 50% 的概率是男孩或女孩。

但是我们不知道玛蒂娜的儿子（如果她只有一个）是那个年长还是年幼的孩子。我们所知道的是，她至少有一个儿子。这两种情况（年幼和年长）都是有可能的，我们必须要探究这两种情况。

两个孩子可能有以下 4 种性别分布，这些分布概率都相同。排第一个的是年长的孩子：

- 男孩，男孩

- 男孩，女孩

- 女孩，男孩

- 女孩，女孩

我们忽略掉情况四（女孩，女孩），因为我们已知玛蒂娜至少有一个儿子。剩下 3 种情况的概率都相同。但是只有第一种情况（男孩，男孩）有两兄弟，因此概率就是 $\frac{1}{3}$！

斯蒂芬妮的情况更加复杂一些。这就涉及"男孩还是女孩悖论"，这个悖论甚至有自己的维基百科词条，并且还有一些相关科学文章，例如谭雅·科瓦诺娃（Tanya Khovanova）或朱莉·雷梅耶（Julie Rehmeyer）的文章。我在这里给出的答案 $\frac{13}{27}$ 仅在特定条件下才是正确的。决定性的因素是我们以何种方式得到有关斯蒂芬妮孩子的信息。

只有当我们随机选择一位有两个孩子的母亲询问"你至少有一个儿子是在星期二出生的吗？"，并且回答是"是"时，答案才是 $\frac{13}{27}$。

分析如下：年长的孩子可以是女孩也可以是男孩，年幼的孩子也是（只要两个孩子不同时都是女孩）。除此之外，每个孩子在一周 7 天中的每一天的出生概率相同。

下页表格列出了两个孩子以及他们出生在星期几的所有可

能情况。表格上边是年长孩子的属性，有 14 种不同的可能性，例如男孩—星期一或女孩—星期五。左边是年幼的第二个孩子的 14 种可能性。在不知道其他任何信息的情况下，两个兄弟姐妹会有 14 × 14 = 196 种不同的组合。

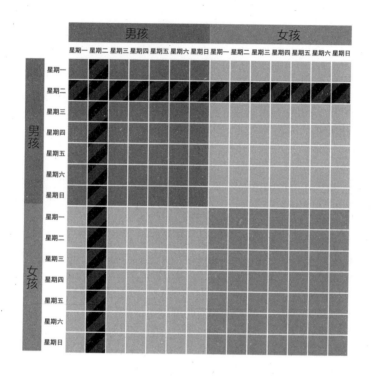

但是因为我们知道有一个孩子是男孩，并且他在星期二出生，所以就只有 13 + 14 = 27 个不同的组合，我们将这 27 个方格在表格中用阴影线表示。这 27 个组合中的每一个组合都满足题目的条件。所有 27 个组合的概率相同。但是其中只有 6 + 7 = 13 个组合是两个孩子都是男孩的情况，即左上角的深底色部分。因此,我们所求的概率不是 $\frac{1}{3}$,而是 $\frac{13}{27}$。

但当我们询问斯蒂芬妮如下问题时,情况就又不同了:"你至少有一个儿子吗?"

如果她回答"是",我们就请她说出这个儿子的生日在星期几。如果她有两个儿子,她就随机选择一个儿子说出他的生日在星期几。

如果斯蒂芬妮的回答是星期二,那么两个儿子的概率就是 $\frac{1}{3}$ ——与玛蒂娜一样。

不过,答案也可以是 $\frac{1}{2}$。当我们问斯蒂芬妮以下问题:"请你随机选择你的两个孩子中的一个,请问他是在星期二出生的男孩吗?"如果她回答"是",那么两个儿子的概率就是 $\frac{1}{2}$。

99. 分而治之

这位前国王的最高薪水为 7 枚金币。如果除国王之外不是 9 人,而是 999 人的话,国王可以确保自己最高获得 997 枚金币的薪水。

为了成功重新分配金币,国王必须首先将自己的薪水设为零。重新分配要分多个步骤进行,金币流向越来越少的人,且越来越多的人薪水为零。

在每一个步骤当中,不是将一半领薪水的人的金币都拿走,而是比一半少一个人。多余的金币将流向迄今剩下的领薪水的人，领薪水的人比完全没有薪水的人多一个人。这就是为什么总会有大多数人支持重新分配。

以下图片展示了有 9 名属下时金币是如何分配的：

初始情况：9 个人和前国王每人每月领取 1 枚金币的薪水。

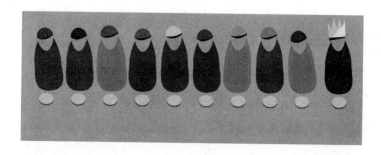

第 1 步：前国王和 4 个属下将他们的薪水分给其他 5 个属下。5 个属下得到了更多的薪水，4 个属下的薪水变少了。于是重新分配得到了大多数人的支持，即 5 : 4，因为国王不可以投票。

第 2 步：两个属下将自己的总计 4 枚金币给另外 3 个已各自拥有 2 枚金币的属下。这次重新分配也得到了大多数人（3 : 2）的支持。

第3步：仍然领取薪水的3个属下中的一个将所有金币交给另外两个属下。这次重新分配也得到了大多数人（2：1）的支持。现在有两人各得5枚金币。

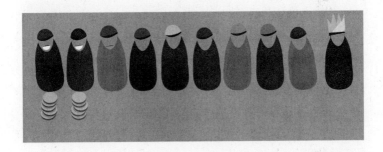

第4步：两个属下失去了所有的金币。国王得到了7枚金币，另外3个属下共得到3枚金币，他们在这之前的薪水是零。这次重新分配以3：2的多数票通过。

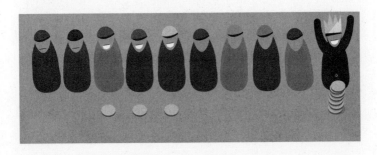

一个人不可能拿到所有 10 枚金币。因为如果重新分配后一个人有 10 枚金币，就意味着只有这一个人得到了加薪。

但是因为同时至少有另一个人得到的薪水会变少（他的金币流向唯一有薪水的人），所以这样的重新分配不会得到多数人的支持。因此被排除在外。由此可得：金币必须分配给至少两名前属下。

关于附加问题：假设一般情况下，前国王加上前属下总共 n 个人，即每月支付 n 枚金币。

如果 n 枚金币在经过各种重新分配后只支付给了两个属下，那么前国王最多就可以获得 $n-3$ 枚金币作为薪水，此外，这两个属下的所有 n 枚金币都被拿走了。

有 3 枚金币给了另外三个之前薪水为零的属下，因此这三个人就会同意新的薪水分配。即使之前拿到所有 n 枚金币的两个属下一起投反对票，也没有占到大多数。这样国王就留下了 $n-3$ 枚金币。

100. 12 个球和一架天平

我们将 4 个球放在左边的秤盘，另外 4 个球放在右边的秤盘。这时天平可能平衡也可能不平衡。我们必须分别探究这两种情况：

情况 1：天平不平衡。那么我们要找的这个球一定是天平上的 8 个球之一。

假设左边的 4 个球加起来比右边的 4 个球重。

我们从天平右侧的 4 个球中取出 3 个放在天平旁边（记住这 3 个球和天平上剩下的那个球！），然后将它们替换为在第一次称量中左边秤盘里的 4 个球中的 3 个（这里我们也要记住在天平左侧剩下来的球）。接着，我们将第一次称量时没有称的 4 个球的其中 3 个放在左侧的秤盘里，并且我们也已经知道这 3 个球质量不同。

现在可能出现 3 种情况：

情况 1.1：秤的左侧较重。

要么左边剩下的那个球就是我们要找的球（并且它比其他 11 个球重），要么右边剩下的那个球就是我们要找的球，而且它比其他球都轻。到底是这两种情况中的哪一种，我们得进行第三次称重，相互比较这两个球。

情况 1.2：天平处于平衡状态。

那么质量不同的那个球一定是第一次称重后从右侧秤盘取出的 3 个球之一。又因为第一次称重时左侧较重，所以我们要找的球明显比其他球轻。在第三次称重时，我们从这 3 个球中取 2 个出来，分别放在左、右两边的空秤盘里。如果其中一个球较轻，则它就是我们要找的那个球。如果它们的质量相同，则第 3 个球就是我们要找的那个球。

情况 1.3：秤的右侧较重。

那么，第一次称重后从左边秤盘取出的 3 个球中的一个就是我们要找的那个球。除此之外，我们还知道这个球比其他 11 个球重。我们通过第三次称重，比较这 3 个球中的其中两个。如果其中一个更重，那么它就是我们要找的那个球。如果它们的质量相同，则第 3 个球就是我们要找的那个球。

情况 2：天平在第一次称量时就已平衡。

那么，我们要找的球就在没有进行第一次称量的 4 个球之中。我们将这 4 个球中的 3 个放在左边的空秤盘里，然后将第一次称重的 8 个球（这 8 个球都不是我们要找的球）中的 3 个放在右边的秤盘里。这时可能有 3 种情况：

情况 2.1：左侧较重。

我们要找的球就是左边 3 个球中的一个，它比其他 11 个球重。通过比较左边 3 个球的其中两个，我们就在第三次称重中找到了我们要找的球，请见前面的相似情况。

情况 2.2：右侧较重。

我们要找的球同样是左边 3 个球中的一个，它比其他 11 个球轻。通过比较左边 3 个球中的其中两个，我们就在第三次称重中找到了我们要找的球。

情况 2.3：在第二次称重时平衡。

那么，我们要找的球就是那个还没有被放进过秤盘里的球，第一次称量和第二次称量都没有称过它。我们在第三次称量中将它与其他任意一个球进行比较，以确定它更重还是更轻。

引用

自 2014 年 10 月以来，我每个周末都会在网上发布"每周谜题"。只有少数谜题是完全由我自己设计的。我更多的是挑选谜题，进行改编调整，有时还会简化。最重要的标准就是谜题应该尽可能漂亮。对我来说，这意味着：问题不需要冗长的描述，并且生搬硬套是无法解答问题的。理想情况下，存在一个优雅、简短的解答，会让你事后问自己：竟然这么简单，为什么我自己就没有想到呢？

我经常在互联网上找到谜题的灵感，收集谜题的页面就有几十个。还有一个很好的灵感来源是数学奥林匹克竞赛或袋鼠数学竞赛的案卷。除此之外，读者们也常常给我发来有趣的谜题建议。

我从各种书籍中了解到许多谜题，例如萨姆·劳埃德、马丁·加德纳（Martin Gardner）、彼得·温克勒（Peter Winkler）

或海因里希·海默（Heinrich Hemme）的著作。谜题的来源往往无法追溯，它们就像很好笑的笑话：人们不断在讲述并传播它们。因此，如果以下任何来源引用不正确，我深表歉意。我也已将我所知道的来源和引用都进行了注明。

Albrecht Beutelspacher, Marcus Wagner: *Warum Kühe gern im Halbkreis grasen*（72, 83）

Alex Bellos,《卫报》的"周一谜题"栏目（46）

Aristoteles: Mechanica（51）

联邦数学竞赛（34, 97）

denksport-raetsel.de（4, 63）

Dierk Schleicher，数学家（94）

Frank Timphus，读者（89）

Hanns Hermann Lagemann，数学竞赛教练（6）

Hans-Ulrich Mährlen，读者（69）

Heinrich Hemme: *Das Ei des Kolumbus*（50, 59, 66）

Heinrich Hemme: *Das große Buch der mathematischen Rätsel*（78）

hirnwindungen.de（40）

Ivan Morris: *99 neunmalkluge Denkspiele*（43）

janko.at（76）

Jiri Sedlacek: *Keine Angst vor Mathematik*（67）

Johannes Wissing，读者（87）

Jurij B. Tschernjak, Robert M. Rose: *Die Hühnchen von Minsk*（86, 22）